人工智能系列规划教材

全国高等院校计算机基础教育研究会重点立项项目

推荐算法及应用

主　编　高华玲
副主编　魏　爽　陆娇娇

北京邮电大学出版社
www.buptpress.com

内 容 简 介

本书是一本介绍推荐算法的基础教材,采用了"理论＋实践"的形式组织内容。本书前 6 章用通俗易懂的方式介绍了经典推荐算法(主要包括基于内容的推荐算法、基于用户的协同过滤推荐算法、基于物品的协同过滤推荐算法、基于矩阵分解的协同过滤推荐算法、基于深度学习的推荐算法、混合推荐算法,以及推荐算法的评估)。本书后 5 章的推荐算法案例都是较为完整的推荐系统案例,核心代码非常精简,并易于在实际中扩展,可以说是入门级学习者必备的阅读资料。

本书适合高年级本科生、高校教师、研究生等学习,也可作为初入职场的推荐算法工程师的参考书。

图书在版编目(CIP)数据

推荐算法及应用 / 高华玲主编. -- 北京：北京邮电大学出版社，2021.1
ISBN 978-7-5635-6250-3

Ⅰ.①推… Ⅱ.①高… Ⅲ.①聚类分析—分析方法 Ⅳ.①O212.4

中国版本图书馆 CIP 数据核字(2020)第 211349 号

策划编辑：马晓仟　责任编辑：孙宏颖　封面设计：七星博纳

出版发行：北京邮电大学出版社
社　　　址：北京市海淀区西土城路 10 号
邮政编码：100876
发 行 部：电话：010-62282185　传真：010-62283578
E-mail：publish@bupt.edu.cn
经　　销：各地新华书店
印　　刷：保定市中画美凯印刷有限公司
开　　本：787 mm×1 092 mm　1/16
印　　张：11.25
字　　数：292 千字
版　　次：2021 年 1 月第 1 版
印　　次：2021 年 1 月第 1 次印刷

ISBN 978-7-5635-6250-3　　　　　　　　　　　　　　　　　　定价：29.80 元

前　言

近年来,由于推荐系统的地位逐渐上升,推荐算法已经成为一门独立的学科。说到推荐系统,可能大家首先会想到个性化推荐系统,如淘宝、亚马逊等网站都在使用个性化商品推荐系统。更进一步地,大家可能会想到基于用户的推荐、基于内容的推荐、基于关联规则的推荐、协同过滤推荐等,可以说现在我们经常使用的各种在线服务平台都或多或少地使用了推荐技术来提高他们的服务水平。

推荐系统的核心是推荐算法,"推荐算法及应用"课程是最近兴起的数据科学与大数据技术、智能科学与技术、区块链技术、人工智能等专业的必学课程。本书的编写主要是为了解决目前各大高校新开设的大数据与人工智能等专业的教学资源不足的问题。本书更加侧重基础算法的讲解和算法的基本应用。

前 6 章是理论部分,首先,介绍推荐算法的概念、研究历史、基本的分类和应用领域。其次,介绍基于内容的推荐算法、基于用户的协同过滤推荐算法、基于物品的协同过滤推荐算法和基于矩阵分解的协同过滤推荐算法。再次,讲解基于深度学习的推荐算法的应用理论。最后,介绍混合推荐算法的概念、常见的预测模型和排序模型,以及推荐算法的评估方法。

后 5 章是实践部分,在基于内容的推荐、基于用户的协同过滤推荐、基于物品的协同过滤推荐、基于矩阵分解的推荐、基于深度学习的推荐 5 个方面设计了推荐算法应用的整个过程。案例中的数据处理部分不作为本书的重点。有些算法使用了模拟的用户商品评分矩阵数据,有些算法使用了公开的推荐算法数据集,读者可以根据自己的研究需要进行改写,加入数据预处理和前端页面推荐,本书介绍的这些案例就可成为符合实际应用场景的案例。

目前市面上已经出现了几本写得很好的与推荐系统相关的专著书籍,其专业性和前沿性毋庸置疑,但是对于普通的本科生来说,这些书籍普遍难度偏大。鉴于以上原因,作者撰写了本书,有些内容也借鉴了各位行业专家编写的专著。由于撰写时间仓促,书中难免会有疏漏,甚至有一些错误,恳请各位读者批评指正。

本书配套的课件和案例源代码等请到北京邮电大学出版社官方网站(http://www.buptpress.com)下载。

本书的出版得到了全国高等院校计算机基础教育研究会"计算机基础教育教学研究项目"2019年第一批项目(2019-AFCEC-052)的资助。

目　　录

第一部分　推荐算法理论部分

第1章　推荐算法基础 ……………………………………………………… 3

1.1　推荐算法的定义 ……………………………………………………… 3

1.2　推荐系统发展简史 …………………………………………………… 4

1.3　推荐系统分类 ………………………………………………………… 6

 1.3.1　基于内容的推荐算法 ………………………………………… 7

 1.3.2　基于协同过滤的推荐算法 …………………………………… 8

 1.3.3　混合推荐算法 ………………………………………………… 10

 1.3.4　特定推荐算法 ………………………………………………… 11

1.4　推荐系统与搜索引擎的关系 ………………………………………… 11

1.5　推荐算法的应用 ……………………………………………………… 13

 1.5.1　新闻的推荐 …………………………………………………… 14

 1.5.2　视频的推荐 …………………………………………………… 15

 1.5.3　商品的推荐 …………………………………………………… 16

 1.5.4　短视频的推荐 ………………………………………………… 17

 1.5.5　社交媒体的推荐 ……………………………………………… 17

第2章　基于内容的推荐算法 …………………………………………… 19

2.1　TF-IDF 计算内容相似 ……………………………………………… 20

 2.1.1　TF-IDF 的概念 ……………………………………………… 20

 2.1.2　计算文章相似性 ……………………………………………… 21

 2.1.3　TF-IDF 算法的实现 ………………………………………… 22

2.2　用 Word2Vec 计算内容相似 ……………………………………… 26

 2.2.1　CBOW One-Word Context 模型 ………………………… 26

 2.2.2　CBOW Multi-Word Context 模型 ……………………… 30

 2.2.3　Skip-Gram 模型 …………………………………………… 31

2.3 算法优化···33

  2.3.1 分层 Softmax ···33

  2.3.2 负采样··35

  2.3.3 对高频词进行下采样·····································36

2.4 基于内容的推荐算法的过程·······························36

  2.4.1 内容表征···36

  2.4.2 特征学习···37

  2.4.3 生成推荐列表···38

第 3 章　协同过滤推荐算法·······························39

3.1 基于用户的协同过滤推荐算法····························39

  3.1.1 基础算法···39

  3.1.2 用户相似度计算的改进···································44

  3.1.3 UserCF 推荐算法的详细过程······························45

3.2 基于物品的协同过滤推荐算法····························48

  3.2.1 基于用户的协同过滤推荐算法和基于物品的协同过滤推荐算法的区别 ·······48

  3.2.2 基础算法···50

  3.2.3 用户活跃度对物品相似度的影响···························55

  3.2.4 物品相似度的归一化·····································57

  3.2.5 ItemCF 推荐算法的详细过程·······························57

3.3 基于矩阵分解的协同过滤推荐算法························61

  3.3.1 显式数据和隐式数据·····································61

  3.3.2 显式矩阵分解···62

  3.3.3 隐式矩阵分解···63

  3.3.4 增量矩阵分解算法·······································65

  3.3.5 推荐结果的可解释性·····································66

第 4 章　基于深度学习的推荐算法·······················67

4.1 深度学习的定义···67

4.2 基于深度学习的推荐·····································68

  4.2.1 DNN 算法···68

  4.2.2 DeepFM 算法···73

  4.2.3 基于矩阵分解和图像特征的推荐···························75

  4.2.4 基于循环神经网络的推荐·································76

  4.2.5 基于生成式对抗网络的推荐·······························77

第 5 章　混合推荐算法 ··· 80

5.1　混合推荐系统概述 ··· 80

5.1.1　混合推荐的意义 ·· 80

5.1.2　混合推荐算法的分类 ·· 82

5.2　推荐系统特征处理方法 ·· 84

5.2.1　特征处理方法 ··· 84

5.2.2　特征选取方法 ··· 86

5.3　常见的预测模型 ··· 88

5.3.1　基于逻辑回归的模型 ··· 88

5.3.2　基于支持向量机的模型 ·· 89

5.3.3　基于梯度提升树的模型 ·· 90

5.4　排序学习 ··· 91

5.4.1　基于排序的指标来优化 ·· 91

5.4.2　L2R 算法的 3 种情形 ·· 92

第 6 章　推荐算法的评估 ··· 95

6.1　可解释性 ··· 95

6.2　算法评价 ··· 96

6.3　研究前景 ··· 98

第二部分　推荐算法应用案例

第 7 章　基于内容的推荐案例 ··· 105

7.1　数据集 ··· 106

7.2　数据预处理 ·· 106

7.3　使用 mysql 存储数据 ··· 109

7.4　分词 ·· 112

7.5　基于 TF-IDF 的推荐 ·· 114

7.6　训练词向量 ·· 116

7.7　基于 Word2Vec 的推荐 ·· 119

第 8 章　基于用户的协同过滤推荐案例 ·· 122

8.1　导入数据 ··· 122

8.2　用户相似度计算 ·· 123

8.3　物品评分排名 124

8.4　推荐主函数 126

第 9 章　基于物品的协同过滤推荐案例 127

9.1　基本概念 127

9.2　基于物品的推荐 127

第 10 章　基于矩阵分解的推荐案例 132

10.1　利用梯度下降法对矩阵进行分解 132

10.2　基于非负矩阵分解的推荐 136

第 11 章　基于深度学习的推荐案例 139

11.1　数据集 139

11.2　基于线性模型的简单案例 140

11.3　基于文本卷积神经网络的推荐 142

11.3.1　数据预处理 142

11.3.2　模型训练 147

11.3.3　模型预测 157

11.3.4　推荐排序 160

11.3.5　PyQt5 界面开发 165

参考文献 169

第一部分

推荐算法理论部分

第1章　推荐算法基础

近年来,互联网电子商务的发展蒸蒸日上,人们面对琳琅满目的商品和良莠不齐的市场,需要主动检索自己的需求,或者选择由商家推荐的产品。随着信息技术和互联网的发展,人们逐渐从信息匮乏时代步入了信息过载时代。大数据时代,80％的数据都是在最近几年产生的,未来数据量还会越来越多。在这个时代背景下,人们越来越难从大量的信息中找到自身感兴趣的信息,信息也越来越难展示给可能对它感兴趣的用户,无论是信息消费者还是信息生产者都遇到了很大的挑战。推荐系统正是为了解决这一矛盾应运而生的,它的任务就是连接用户和信息,创造价值。

1.1　推荐算法的定义

为了解决 Internet 的信息过载问题,降低消费者的搜索成本,个性化和智能化的代理、搜索引擎和推荐系统是被大家广泛使用的克服信息过载的主要工具或技术。然而,与返回用户查询匹配的相关结果的搜索引擎或检索系统不同,推荐系统根据用户的需求和偏好提供个性化的推荐。推荐系统作为一种典型的信息过滤技术已被广泛地应用到电子商务系统中,如 Amazon、CDNow、Drugstore 和 Moviekinder 等。推荐算法是整个推荐系统的核心,它的性能直接影响推荐效果,因此推荐算法的研究成为学术界和企业界共同关注的焦点问题。

在传统购物环境下,鉴于消费者的消费偏好具有一定的动态转移性,优秀的售货员通常根据消费者的购买历史及当前的购买兴趣为其推荐商品。在网络环境下,以推荐功能为核心的购物助手在一定程度上降低了网络消费者的搜索成本,但所采用的推荐算法仅以用户对商品的历史评分为推荐依据,忽略了消费者消费偏好动态转移的特性。随着互联网的不断发展和规范,Web 2.0 时代产生了大量的用户数据信息,包括在购物网站中的购买记录和评论数据、查询检索留下的搜索历史记录、社交网站中的图片文本等。我们可以从兴趣、爱好、消费者特质等诸多方面全面地了解网络背后真实的用户,从而"投其所好"地为不同用户定制符合其需求的个性化服务,而提供个性化服务的重要渠道就是个性化推荐引擎。目前所说的推荐系统一般是指个性化推荐系统。个性化推荐系统通过分析不同用户的特点,比如兴趣爱好、关注领域、个人经历等,以及被推荐物品或服务的特征和用户历史行为的不同,主动为用户推荐满足他们兴趣和需求的物品或者服务,甚至可以在没有用户偏好的情况下,帮助用户发现他们感兴趣的新内容,以满足不同用户的不同推荐需求为目的,使得不同人可以获得不同的推荐。

推荐系统作为一种信息过滤系统,具有以下两个显著的特性。

(1) 主动化

从用户角度考虑,门户网站和搜索引擎都是解决信息过载的有效方式,但它们都需要用户提供明确需求,当用户无法准确描述自己的需求时,这两种方式就无法为用户提供精确的服务了。但推荐系统不需要用户提供明确的需求,而是通过分析用户和物品的数据,对用户和物品进行建模,从而主动为用户推荐他们感兴趣的信息。

(2) 个性化

推荐系统能够更好地发掘长尾信息,即将冷门物品推荐给用户。热门物品通常代表绝大多数用户的兴趣,而冷门物品往往代表一小部分用户的个性化需求,在电商平台火热的时代,由冷门物品带来的营业额甚至超过热门物品,发掘长尾信息是推荐系统的重要研究方向。

目前,推荐系统作为解决信息过载的有效方法,已成为学术界和工业界的关注热点,并在很多领域发挥着重要作用。同时,伴随着机器学习、深度学习的发展,工业界和学术界对推荐系统的研究热情更加高涨,形成了一门独立的学科。

1.2 推荐系统发展简史

推荐系统是互联网时代的一种信息检索工具,自 20 世纪 90 年代起,人们便认识到了推荐系统的价值,经过二十多年的积累和沉淀,推荐系统逐渐成为一门独立的学科,在学术研究和业界应用中都取得了很多成果。

1994 年明尼苏达大学 GroupLens 研究组推出了第一个自动化推荐系统 GroupLens,提出了将协同过滤作为推荐系统的重要技术,这也是最早的自动化协同过滤推荐系统之一。

1995 年 3 月,卡内基梅隆大学的 Robert Armstrong 等人在美国人工智能协会上提出了个性化导航系统 Web Watcher;斯坦福大学的 Marko Balabanovic 等人在同一个会议上提出了个性化推荐系统 LIRA;同年 8 月,麻省理工学院的 Henry Lieberman 在国际人工智能联合大会(IJCAI)上提出了个性化导航智能体 Letizia。

1996 年,Yahoo 推出了个性化入口 My Yahoo。

1997 年 Resnick 等人首次提出"推荐系统"(Recommender System,RS)一词,自此,"推荐系统"一词被广泛引用,并且推荐系统开始成为一个重要的研究领域。同年,AT&T 实验室提出了基于协作过滤的个性化推荐系统 PHOAKS 和 Referral Web。

1998 年亚马逊(Amazon)上线了基于物品的协同过滤算法,将推荐系统推向服务千万级用户和处理百万级商品的规模,并能产生质量良好的推荐效果。

1999 年,德国 Dresden 技术大学的 Tanja Joerding 实现了个性化电子商务原型系统 TELLIM。

2001 年,IBM 公司在其电子商务平台 Websphere 中增加了个性化功能,以便商家开发个性化电子商务网站。

2003 年亚马逊的 Linden 等人发表论文,公布了基于物品的协同过滤算法。据统计,推荐系统的贡献率在 20%～30% 之间。同年，Google 开创了 AdWords 盈利模式，通过用户搜索的关键词来提供相关的广告。2007 年 Google 为 AdWords 添加了个性化元素，通过对用户一段时间内的搜索历史进行记录和分析，了解用户的喜好和需求，以便更精确地呈现相关的广告内容。

2005 年 Adomavicius 等人的综述论文将推荐系统分为 3 个主要类别，即基于内容的推荐、基于协同过滤的推荐和混合推荐，并提出了未来可能的主要研究方向。

2006 年 10 月，北美在线视频服务提供商 Netflix 宣布了一项竞赛，任何人只要能够将他现有电影推荐算法 Cinematch 的预测准确度提高 10%，就能获得 100 万美元的奖金。该竞赛在学术界和工业界引起了较大的关注，参赛者提出了若干推荐算法，以提高推荐准确度，该竞赛极大地推动了推荐系统的发展。

2007 年第一届 ACM 推荐系统大会在美国举行，到 2019 年已经是第 13 届。这是推荐系统领域的顶级会议，提供了一个重要的国际论坛来展示推荐系统在不同领域的最近研究成果和方法。同年，雅虎推出了 SmartAds 广告方案。通过对海量的用户信息以及用户搜索、浏览行为进行分析，雅虎可以为用户呈现个性化的横幅广告。

2015 年 Facebook 在官网上公布了其推荐系统的原理、性能及使用情况，说明 Facebook 如何向 10 亿人推荐物品。

2016 年，YouTube 发表论文，说明 YouTube 的推荐系统如何在不断增长的视频集中挑选出用户个性化的视频内容。他们将深度神经网络应用于推荐系统中，实现了从大规模可选的推荐内容中找到最有可能的推荐结果。

2016 年 Google 发表论文，介绍 App 商店中的推荐系统。

2018 年，阿里巴巴的论文《基于注意力机制的用户行为建模框架以及其在推荐领域的应用（ATRank）》被人工智能国际会议 AAAI 录用。

经过二十多年的积累和沉淀，推荐系统成功地应用到了诸多领域，RecSys 会议上最常提及的应用落地场景为在线视频、社交网络、在线音乐、电子商务、互联网广告等，这些领域是推荐系统大展身手的舞台，也是近年来业界研究和应用推荐系统的重要实验场景。

伴随着推荐系统的发展，人们不再满足于通过分析用户的历史行为对用户进行建模，转而研究混合推荐模型，致力于通过不同的推荐方法来解决冷启动、数据极度稀疏等问题。国内知名新闻客户端“今日头条”采用内容分析、用户标签、评估分析等方法打造了拥有上亿用户的推荐引擎。

移动互联网的崛起为推荐系统提供了更多的数据，如移动电商数据、移动社交数据、地理数据等，成了社交推荐的新的尝试。

随着推荐系统的成功应用，人们更加关注推荐系统的效果评估和算法的健壮性、安全性等问题。2015 年，Alan Said 等人在 RecSys 会议上发表了论文，阐述了一种清晰明了的推荐结果评价方式，同年，Frank Hopfgartner 等人发表论文，讨论了基于流式数据的离线评价方式和对照试验，掀起了推荐算法评估的研究热潮。

近年来，机器学习和深度学习等领域的发展为推荐系统提供了方法指导。RecSys 会议自 2016 年起开始举办定期的推荐系统深度学习研讨会，旨在促进研究和鼓励基于深度学习的推荐系统的应用。

2017 年 Alexandros Karatzoglou 等人在论文中介绍了深度学习在推荐系统中的应用,描述了基于深度学习的内容推荐和协同过滤推荐方法,深度学习成为当前推荐系统研究的热点。

1.3 推荐系统分类

按照不同的分类指标,推荐系统具有很多不同的分类方法。常见的分类方法有依据推荐结果是否因人而异、依据推荐方法的不同、依据推荐模型构建方式的不同等。

依据推荐结果是否因人而异:推荐系统主要可以分为大众化推荐和个性化推荐。大众化推荐往往与用户本身及其历史信息无关,在同样的外部条件下,不同用户获得的推荐是一样的。大众化推荐的一个典型例子是查询推荐,它往往只与当前的查询有关,而很少与该用户直接相关。

个性化推荐的特点则是不同的人在同样的外部条件下,也可以获得与其本身兴趣爱好、历史记录等相匹配的推荐。例如,在目前的搜索引擎技术的研究中也越来越多地引入个性化方法,使得查询推荐不仅与当前的查询语句有关,也与当前用户的个性化信息有关。

依据推荐方法的不同:传统的推荐算法主要有基于人口统计学的(Demographic-Based,DB)推荐算法(Pazzani,1999)、基于内容的(Content-Based,CB)推荐算法(Gunawardana et al.,2009)、基于协同过滤的(Collaborative Filtering,CF)推荐算法和混合推荐(Hybrid Recommendation)算法(Melville et al.,2002)。其中基于人口统计学的推荐算法是最简单的推荐算法了,它只是简单地根据系统用户的基本信息发现用户的相关程度,然后进行推荐,目前在大型系统中已经较少使用。基于协同过滤的推荐算法被研究人员研究得最多,也最为深入,它又可以被分为多个子类别,包括基于用户的(user-based)推荐算法(Resnick et al.,1994)、基于物品的(item-based)推荐算法(Sarwar et al.,2001)、基于社交网络关系的(social-based)推荐算法(Kautz et al.,1997)、基于模型的(mode-based)推荐算法等。其中,基于模型的推荐算法是指利用系统已有的数据,学习和构建模型,进而利用该模型进行推荐,这里的模型可以是 SVD、NMF 等矩阵分解模型(Sarwar et al.,2001),也可以是利用贝叶斯分类器、决策树、人工神经网络等模型转换为分类问题或者基于聚类技术对数据进行预处理的结果(George et al.,2005),等等。随着各行各业数据量的激增,基于协同过滤的推荐算法出现了一些新方向,比如,基于集成学习的方法、混合推荐方法、基于深度学习的方法等。

依据推荐模型构建方式的不同:目前的推荐算法大致可分为基于用户或物品本身的启发式(heuristic-based,或称为 memory-based)推荐算法、基于关联规则的推荐(association rule mining for recommendation)(Sarwar et al.,2007)算法、基于模型的(model-based)推荐算法,以及混合型推荐(hybrid recommendation)算法。基于关联规则的推荐算法常见的有基于最多用户点击、最多用户浏览算法等,属于大众型的推荐算法,在目前的大数据时代并不主流。推荐算法的具体分类如图 1-1 所示。

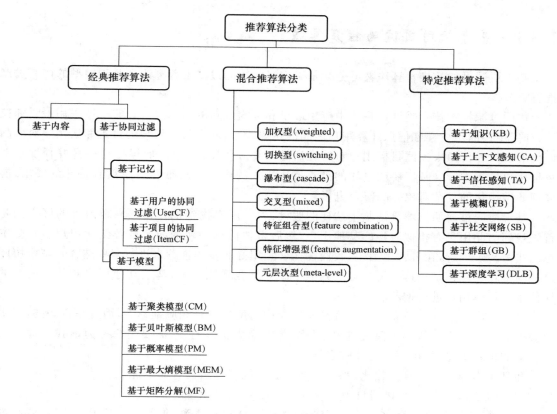

图 1-1　推荐算法分类

1.3.1　基于内容的推荐算法

基于内容的推荐(content-based recommendation)算法是信息过滤技术的延续与发展,它是建立在项目的内容信息上做出推荐的,而不需要依据用户对项目的评价意见,更多地需要用机器学习的方法从关于内容特征描述的事例中得到用户的兴趣资料。在基于内容的推荐系统中,项目或对象是通过相关的特征属性来定义的,系统基于用户评价对象的特征,学习用户的兴趣,考察用户资料与待预测项目的相匹配程度。用户的资料模型取决于所用学习方法,常用的有决策树、神经网络和基于向量的表示方法等。基于内容的推荐算法所用的用户资料是用户的历史数据,用户资料模型可能随着用户的偏好改变而发生变化。

基于内容的推荐算法的优点如下。

① 不需要其他用户的数据,没有冷启动问题和稀疏问题。

② 能为具有特殊兴趣爱好的用户进行推荐。

③ 能推荐新的或不是很流行的项目,没有新项目问题。

④ 通过列出推荐项目的内容特征,可以解释为什么推荐那些项目。

⑤ 已有比较好的技术,如关于分类学习方面的技术已相当成熟。

缺点是要求内容容易抽取成有意义的特征,特征内容有良好的结构性,并且用户的口味必须能够用内容特征形式来表达,不能显式地得到其他用户的判断情况。

1.3.2　基于协同过滤的推荐算法

基于协同过滤的推荐算法又可分为基于记忆的协同过滤推荐算法和基于模型的协同过滤推荐算法。

协同过滤推荐技术是推荐系统中应用最早和最为成功的技术之一。它一般采用最近邻技术,利用用户的历史喜好信息计算用户之间的距离,然后利用目标用户的最近邻居用户对商品评价的加权评价值来预测目标用户对特定商品的喜好程度,系统从而根据这一喜好程度来对目标用户进行推荐。基于协同过滤的推荐算法最大的优点是对推荐对象没有特殊的要求,能处理非结构化的复杂对象,如音乐、电影。

基于协同过滤的推荐算法基于这样的假设:为一用户找到他真正感兴趣内容的好方法是首先找到与此用户有相似兴趣的其他用户,然后将他们感兴趣的内容推荐给此用户。其基本思想非常易于理解,在日常生活中,我们往往会利用好朋友的推荐来进行一些选择。基于协同过滤的推荐算法正是把这一思想运用到电子商务推荐系统中来,基于其他用户对某一内容的评价来向目标用户进行推荐。

基于协同过滤的推荐系统可以说是从用户的角度来进行相应推荐的,而且是自动的,即用户获得的推荐是系统从购买模式或浏览行为等中隐式获得的,不需要用户努力地找到适合自己兴趣的推荐信息,如填写一些调查表格等。

和基于内容的推荐算法相比,基于协同过滤的推荐算法具有如下优点。

① 能够过滤难以进行机器自动内容分析的信息,如艺术品、音乐等。

② 共享其他人的经验,避免了内容分析的不完全和不精确,并且能够基于一些复杂的、难以表述的概念(如信息质量、个人品位)进行过滤。

③ 有推荐新信息的能力。可以发现内容上完全不相似的信息,用户对推荐信息的内容事先是预料不到的。这也是基于协同过滤的推荐算法和基于内容的推荐算法一个较大的差别,基于内容的推荐算法很多都是用户本来就熟悉的内容,而基于协同过滤的推荐算法可以发现用户潜在的但自己尚未发现的兴趣偏好。

④ 能够有效地使用其他相似用户的反馈信息、较少用户的反馈量,加快个性化学习的速度。

协同过滤作为一种典型的推荐技术,在工业界应用广泛,它的优点很多,模型通用性强,不需要太多对应数据领域的专业知识,工程实现简单,效果也不错。

基于协同过滤的推荐算法也有些难以避免的问题,最典型的问题有稀疏(sparsity)问题和可扩展(scalability)问题。还有令人头疼的"冷启动"问题,当我们没有新用户的任何数据的时候,无法较好地为新用户推荐物品。同时也没有考虑情景的差异,比如根据用户所在的场景和用户当前的情绪。当然,也无法得到一些小众的独特喜好,这块是基于内容的推荐算法比较擅长的。

1. 基于记忆的协同过滤推荐算法

基于记忆的协同过滤推荐算法包括基于用户的协同过滤(User-based Collaborative Filtering,UserCF)推荐算法和基于项目的协同过滤(Item-based Collaborative Filtering,ItemCF)推荐算法。

基于用户的协同过滤推荐算法主要考虑的是用户和用户之间的相似度,只要找出相似用户喜欢的物品,并预测目标用户对对应物品的评分,就可以找到评分最高的若干个物品推荐给用户。

基于项目的协同过滤推荐算法中的"项目"是指要推荐的产品或者服务等。它与基于用户的协同过滤推荐算法类似,只不过这时考虑的目标转向找到物品和物品之间的相似度,只有找到了目标用户对某些物品的评分,我们才可以对相似度高的类似物品进行预测,将评分最高的若干个相似物品推荐给用户。比如,某个用户在网上买了一本与推荐算法相关的书,网站马上会推荐一堆与机器学习、大数据相关的书给该用户,这里就明显用到了基于项目的协同过滤思想。

比较下基于用户的协同过滤推荐算法和基于项目的协同过滤推荐算法:基于用户的协同过滤推荐算法需要在线找用户和用户之间的相似度关系,计算复杂度肯定会比基于项目的协同过滤推荐算法高,但是可以帮助用户找到新类别的有惊喜的物品;而基于项目的协同过滤推荐算法由于考虑的物品的相似性一段时间内不会改变,因此可以很容易地进行离线计算,准确度一般也可以接受,但是就推荐的多样性来说,就很难带给用户惊喜了。

一般对于小型的推荐系统来说,基于项目的协同过滤推荐算法肯定是主流。但是如果是大型的推荐系统,则可以考虑基于用户的协同过滤推荐算法,当然也可以考虑基于模型的协同过滤推荐算法。

2. 基于模型的协同过滤推荐算法

基于模型的协同过滤推荐算法是目前最主流的协同过滤类型之一,众多的机器学习算法在这里正好可以作为不同的模型。基于模型的协同过滤推荐算法包括基于聚类模型的(Clustering Model,CM)协同过滤推荐算法、基于贝叶斯模型的(Bayesian Model,BM)协同过滤推荐算法、基于概率模型的(Probabilistic Model,PM)协同过滤推荐算法、基于最大熵模型的(Maximum Entropy Model,MEM)协同过滤推荐算法和基于矩阵分解的(Matrix Factorization,MF)协同过滤推荐算法。

设定问题:目前有 m 个物品、m 个用户的数据,只有部分用户和部分数据之间是有评分数据的,其他部分的评分是空白的,此时我们要用已有的部分稀疏数据来预测那些空白的物品和数据之间的评分关系,找到最高评分的物品推荐给用户。

对于这个问题,用机器学习的思想来建模解决,主流的方法包括关联算法、聚类算法、分类算法、回归算法、矩阵分解、神经网络、图模型以及隐语义模型。下面我们分别加以介绍。

(1)用关联算法做协同过滤

一般我们可以找出用户购买的所有物品数据里频繁出现的项集序列,来做频繁集挖掘,找到满足支持度阈值的关联物品的频繁 N 项集或者序列。如果用户购买了频繁 N 项集或者序列里的部分物品,那么我们可以将频繁项集或序列里的其他物品按一定的评分准则推荐给用户,这个评分准则可以包括支持度、置信度和提升度等。常用的关联推荐算法有 Apriori、FP Tree 和 PrefixSpan。

(2)用聚类算法做协同过滤

用聚类算法做协同过滤和前面的基于用户或者项目的协同过滤有些类似。我们可以按照用户或者按照物品基于一定的距离度量来进行聚类。如果基于用户聚类,则可以将用户按照一定距离度量方式分成不同的目标人群,将同样目标人群评分高的物品推荐给目标用户。基于物品聚类的话,则是将用户评分高物品的相似同类物品推荐给用户。常用的聚类推荐算法有 K-Means、BIRCH、DBSCAN 和谱聚类。

（3）用分类算法做协同过滤

如果我们根据用户评分的高低，将分数分成几段的话，则这个问题就变成了分类问题。比如最直接的，设置一份评分阈值，评分高于阈值的就是推荐，评分低于阈值的就是不推荐，我们将这个问题变成了一个二分类问题。虽然分类问题的算法多如牛毛，但是目前使用较广泛的是逻辑回归。因为逻辑回归的解释性比较强，每个物品是否推荐我们都有一个明确的概率放在这，同时可以对数据的特征做工程化，达到调优的目的。目前逻辑回归做协同过滤在 BAT 等大厂已经非常成熟了。常见的分类推荐算法有逻辑回归和朴素贝叶斯，两者的特点都是解释性很强。

（4）用回归算法做协同过滤

用回归算法做协同过滤比用分类算法看起来更加自然。我们的评分可以是一个连续的值，而不是离散的值，通过回归模型我们可以得到目标用户对某商品的预测评分。常用的回归推荐算法有 Ridge 回归、回归树和支持向量回归。

（5）用矩阵分解做协同过滤

矩阵分解（decomposition，factorization）是指将矩阵拆解为数个矩阵的乘积。比如，豆瓣电影有 m 个用户、n 个电影，那么用户对电影的评分可以形成一个 m 行 n 列的矩阵 $\bm{R}$。我们可以找到一个 m 行 k 列的矩阵 $\bm{U}$ 和一个 k 行 n 列的矩阵 $\bm{I}$，通过 $\bm{UI}$ 来得到矩阵 $\bm{R}$。

用矩阵分解做协同过滤也是目前使用很广泛的一种方法。由于传统的奇异值分解（SVD）要求矩阵不能有缺失数据，必须是稠密的，而我们的用户商品评分矩阵是一个很典型的稀疏矩阵，所以直接使用传统的 SVD 到协同过滤是比较复杂的。

目前主流的矩阵分解推荐算法主要是 SVD 的一些变种，比如 FunkSVD、BiasSVD 和 SVD＋＋。传统 SVD 要求将矩阵分解为 $\bm{U\Sigma V}^{\mathrm{T}}$ 的形式，其中 $\bm{\Sigma}$ 为 $m \times n$ 维的对角矩阵，有 $\bm{\Sigma} = \mathrm{diag}(\sigma_1, \sigma_2, \cdots, \sigma_{m \times n})$，$\bm{U}$ 称为左奇异矩阵，$\bm{V}$ 称为右奇异矩阵。这些变种的算法与传统的 SVD 区别很大，把一个矩阵分解为两个低秩矩阵的乘积形式：$\bm{P}^{\mathrm{T}}\bm{Q}$。

（6）用神经网络做协同过滤

用神经网络乃至深度学习做协同过滤应该是未来的一个发展趋势。目前比较主流的用两层神经网络来做推荐算法的是限制玻尔兹曼机（RBM）。在目前的 Netflix 算法比赛中，RBM 算法的表现很好。当然如果用深层的神经网络来做协同过滤应该会更好，大厂商用深度学习的方法来做协同过滤应该是将来的一个趋势。

（7）用图模型做协同过滤

用图模型做协同过滤就是将用户之间的相似度放到了一个图模型里面去考虑，常用的算法是 SimRank 系列算法和马尔可夫模型算法。对于 SimRank 系列算法，它的基本思想是被相似对象引用的两个对象也具有相似性。该算法的思想有点类似于大名鼎鼎的 PageRank。而马尔可夫模型算法当然是基于马尔可夫链了，它的基本思想是基于传导性来找出普通距离度量算法难以找出的相似性。

（8）用隐语义模型做协同过滤

隐语义模型主要是基于 NLP 的，涉及对用户行为的语义分析做评分推荐，主要方法有隐性语义分析（LSA）和隐含狄利克雷分布（LDA）。

1.3.3 混合推荐算法

混合推荐算法主要分为加权型（weighted）、切换型（switching）、交叉型（mixed）、特征组合型(feature combination)、瀑布型(cascade)、特征增强型(feature augmentation)、元层次型(meta-level)。

推荐算法虽然都可以为用户进行推荐,但每一种算法在应用中都有不同的效果。UserCF能够很好地在广泛的兴趣范围中推荐出热门的物品,但却缺少个性化;ItemCF能够在用户个人的兴趣领域发掘出长尾物品,但却缺乏多样性;基于内容推荐依赖于用户特征和物品特征,但能够很好地解决用户行为数据稀疏和新用户的冷启动问题;矩阵分解能够自动挖掘用户特征和物品特征,但却缺乏对推荐结果的解释。因此,每种推荐算法都各有利弊,它们相辅相成。

实际应用的推荐系统通常都会使用多种推荐算法,比如使用基于内容或标签的推荐算法来解决新用户的冷启动问题和行为数据稀疏问题,在拥有了一定的用户行为数据后,根据业务场景的需要综合使用 UserCF、ItemCF、矩阵分解或其他推荐算法进行离线计算和模型训练,采集用户的社交网络数据、时间相关数据、地理数据等进行综合考虑和推荐,保证推荐引擎的个性化,提高推荐引擎的健壮性、实时性、多样性和新颖性,让推荐系统更好地为用户服务。

1.3.4　特定推荐算法

除了以上这些经典的推荐算法,还有一些特定的推荐算法,包括基于知识的(Knowledge-Based,KB)的推荐算法、基于上下文感知的(Context-Aware-based,CA)推荐算法、基于信任感知的(Trust-Aware-based,TA)推荐算法、基于模糊的(Fuzzy-Based,FB)推荐算法、基于社交网络的(Social network-Based,SB)推荐算法、基于群组的(Group-Based,GB)推荐算法和基于深度学习的(Deep Learning-Based,DLB)推荐算法等,这些推荐算法每种都有其优点和局限性。

1.4　推荐系统与搜索引擎的关系

从信息获取的角度来说,搜索引擎和推荐系统都是可以帮助用户快速发现有用信息的工具,是用户获取信息的两种主要手段,这两者相辅相成,又各为所用。在一些应用场景中,搜索和推荐大量并存,那么这两种系统有何区别和联系?

推荐系统在用户逛淘宝、订外卖、听网络电台、看美剧、查邮件、淘攻略的时候,会时常显露出踪迹,这些网站将用户可能感兴趣的内容在浏览页面过程中推送给他。这种个性化的推荐系统需要依赖用户的历史行为数据,用户的喜好不同,在页面上显示的内容也不同,这是因为用户的每一次点击和搜索行为都会留下历史记录。网站正是分析了大量用户的浏览行为日志,推测出用户的喜好,从而给不同的用户展示不同的个性化页面,用来提高网站的点击率和转化率。

搜索引擎则与推荐系统不同,用户一旦有了明确的购物意图,一般不会漫无目的地浏览系统推荐出来的商品,而是主动在搜索引擎中输入他想要的关键词,试图通过关键词的表达让搜索引擎理解他的意图,期待更加快速且准确地找到心中想要的商品。

1. 信息获取方式不同

搜索引擎需要用户主动提供准确的关键词来寻找信息,在搜索引擎提供的结果里,可以通过浏览和点击来明确地判断搜索结果是否满足了用户需求。然而,推荐系统接收信息是被动的,需求也都是模糊而不明确的,通过分析用户的历史行为给用户的兴趣建模。以"逛"商场为例,在顾客进入商场的时候,如果需求不明确,需要推荐系统来告诉顾客有哪些优质的商品、哪些合适的内容等,但如果顾客已经非常明确当下需要购买哪个品牌、什么型号的商品,直接去找对应的店铺就行,这时只需要搜索到店铺或者商品即可。

2. 个性化程度不同

搜索引擎虽然也可以有一定程度的个性化,但是整体上个性化运作的空间是比较小的。因为当需求非常明确时,找到结果的好坏通常没有太多个性化的差异。例如,搜"新型冠状病毒肺炎",搜索引擎可以将用户所在地区的信息作补足,给出当地新型冠状病毒肺炎的新闻,但是个性化补足后给出的这个结果也是非常明确的。

推荐系统是专门为个性化需求而生的。它可以根据每位用户的行为记录,通过评分记录和搜索记录等生成一个对当前用户有价值的结果,也为当前用户提供了接近于用户需求的选择。

3. 需求表达形式不同

目前主流的搜索引擎仍然以文字构成查询词(query),这是因为文字是人们描述需求最简洁、直接的方式,搜索引擎抓取和索引的绝大部分内容也是以文字方式组织的。但是搜索引擎的查询词一般比较短小。一方面,因为用户都喜欢通过简单的输入就找到结果,而不是写一个复杂的句子来表述查询内容;另一方面,搜索引擎的语义理解程度还不够,即使用户输入了长句表达需求,搜索引擎也不能给出正确的解析和应答。

当人们有较为复杂的需求时,往往搜索引擎无法满足,推荐系统可以通过设置的功能,与用户互动,筛选出用文字无法表达的需求。推荐引擎又被人们称为无声的搜索,意思是用户虽然不用主动输入查询词来搜索,但是推荐引擎通过分析用户的历史行为、当前的上下文场景,自动生成复杂的查询条件,进而给出计算并推荐的结果。

4. 马太效应和长尾理论

马太效应(Matthew effect)是指强者越强、弱者越弱的现象,在互联网中引申为热门的产品受到更多的关注,冷门内容则越发地会被遗忘的现象。马太效应取名自《圣经》的《新约·马太福音》的一则寓言:"凡有的,还要加倍给他,叫他多余;没有的,连他所有的也要夺过来。"

搜索引擎就非常充分地体现了马太效应。图 1-2 所示的这张著名的 Google 热图就是描绘用户眼球注意力的,绝大部分用户的点击都集中在顶部少量的结果上,下面的结果以及翻页后的结果获得的关注非常少。

与马太效应相对应,还有一个非常有影响力的理论称为长尾理论。美国《连线》杂志主编克里斯·安德森(Chris Anderson)在 2004 年 10 月的《长尾》一文中最早提出长尾理论(long tail effect),用来描述诸如亚马逊和 Netflix 之类网站的商业和经济模式。"长尾"实际上是统计学中幂律(power laws)和帕累托分布(Pareto distribution)特征的拓展和口语化表达,用来描述热门和冷门物品的分布情况。

长尾理论阐述了推荐系统所发挥的价值。商品销售呈现出长尾形状,冷门商品的需求曲线不会降低到零点,曲线的尾部比头部长得多。Chris Anderson 通过观察数据发现,在互联网时代,由于网络技术能以很低的成本让人们去获得更多的信息和选择,所以在很多网站内有越来越多的被"遗忘"的非最热门的事物重新被人们关注起来。事实上,每一个人的品位和偏好都并非和主流人群完全一致,我们发现得越多,就越能体会到我们需要更多的选择。当面对商品的多样化和丰富性的时候,我们常常手足无措,正是推荐系统给了我们更多可能的选择。

图 1-2　Google 点击热图

长尾理论作为一种新的经济模式,被成功地应用于网络经济领域。而对长尾资源的盘活和利用,恰恰是推荐系统所擅长的,因为用户对长尾内容通常是陌生的,无法主动搜索,唯有通过推荐的方式可以引起用户的注意,发掘出用户的兴趣,帮助用户做出最终的选择。

5. 评价方法不同

搜索引擎通常基于 Cranfield 评价体系,并基于信息检索中常用的评价指标,例如 nDCG(normalized Discounted Cumulative Gain)、准确率和召回率(precision-recall,或其组合方式 F1)、前 n 选精度(P@N)、前 n 选成功率(S@n)、首先正确答案排序倒数(RP)、平均准确率(AP)等。从整体上看,评价的着眼点是将优质结果尽可能地排到搜索结果的最前面,前 10 条结果或者首页结果几乎涵盖了搜索引擎评估的主要内容。让用户以最少的点击次数、最快的速度找到内容是评价的核心。

推荐系统的评价面要宽泛得多,往往推荐结果的数量很多,出现的位置、场景也非常复杂,从量化角度来看,当应用于 Top-N 结果推荐时,MAP(Mean Average Precision)和 CTR(Click Through Rate,计算广告中常用)是普遍的计量方法;当应用于评分预测问题时,RMSE(Root Mean Squared Error)和 MAE(Mean Absolute Error)是常见的量化方法。

由于推荐系统和实际业务的绑定更为紧密,所以从业务角度也有很多侧面评价方法,根据不同的业务形态,有不同的方法,例如带来的增量点击、推荐成功数、成交转化提升量、用户延长的停留时间等。

1.5　推荐算法的应用

推荐算法是目前机器学习最活跃的领域之一,也是工业界中应用机器学习算法最普遍的一个方向。近年来,推荐算法被广泛地应用于电子商务推荐、新闻推荐、电影或视频网站、个性化音乐网络电台、社交网络、个性化阅读、基于位置的服务、个性化邮件、个性化广告等诸多领域,如人们经常使用的淘宝的商品推荐、今日头条的新闻推荐、网易云音乐的歌曲推荐等。

推荐算法的核心在于应用,因此有必要了解一些工业界的推荐系统架构。大部分的互联网公司都参与了与推荐系统相关的研发和应用,其中 Amazon、Netflix、Pinterest、Facebook、阿里巴巴、京东等都有关于各自推荐系统的架构介绍,部分公司也曾发表过关于内部使用的推荐算法的论文。

1.5.1 新闻的推荐

新闻类网站给用户推荐其感兴趣的阅读内容,这样可以提升用户体验,增加用户点击率、活跃度和留存率。今日头条在新闻类的推荐案例中非常优秀,在页面的多个位置为用户进行推荐。在首页推荐方面,向新用户推荐的多为当前的新闻热点,比如在新型冠状病毒肺炎疫情影响全球的这一时间点上,最上面的推荐便与疫情有关。

当用户点击进入某一条新闻中时,则会在新闻内容右侧为用户推荐与本新闻相同的作者的更多新闻。比如,浏览图 1-3 中的第二条新闻,详情页右侧则会推荐"央视新闻"发布的其他新闻,如图 1-4 所示。内容下面会推荐更多的相关新闻,即作者不是当前新闻的作者且用户有可能感兴趣的新闻,如图 1-5 所示。

图 1-3　今日头条用户的首页推荐

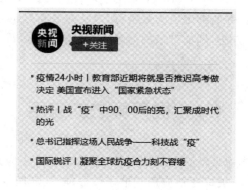

图 1-4　今日头条文章内容页的右侧推荐模块

图 1-5　今日头条文章内容页的下方推荐模块

1.5.2　视频的推荐

　　YouTube 是全球最大的视频分享平台,用户量高达 10 亿多,每天上传的 UGC(用户生产内容)和 PGC(专业生产内容)都可达百万级。在海量的视频库中为用户推荐感兴趣的视频不是一件容易的事情,YouTube 在个性化推荐领域做了大量的工作。在一系列公开发表的论文中可以看出其推荐系统的发展脉络。2008 年 YouTube 使用了用户-视频图的随机遍历算法;2010 年改为基于物品的协同过滤算法;2013 年把推荐的问题转换为多分类问题,并解决了从神经网络的输出层中找到概率最大的节点问题;2016 年将推荐算法升级为深度学习算法。

　　某用户在 YouTube 观看了两个动画类的视频,回到首页后发现推荐给用户的多数是动画视频,很明显网站及时捕捉了用户的点击行为,并做出了实时推荐。YouTube 首页的实时推荐如图 1-6 所示。

图 1-6　YouTube 首页的实时推荐

1.5.3　商品的推荐

亚马逊(Amazon)公司在业界最早开始实践推荐系统。每个用户都有一个个性化的网上商店,个性化商店中都是用户比较感兴趣的商品。用户在浏览 Amazon 的网站时,用户当前的状态、用户历史的浏览记录与购买记录都会被用来作为商品推荐的依据,用户更容易从自己的个性化页面中找到心仪的商品,大大地提高了商品的转化率。据统计,Amazon 的营业额中有20％～30％都来自推荐系统的贡献。

例如,用户购买过亚马逊的某些产品后,就会留下用户的历史交易信息,在用户的购物车中也会留有用户喜欢的物品。如果用户购买过一些婴儿用品,在推荐商品中最多的也是婴儿用品。如图 1-7 所示的购买信息,订单中有尿不湿和奶粉,推荐的商品如图 1-8 所示,出现了尿不湿,但是也出现了一些用户没有购买过的婴儿产品或其他类目的商品。

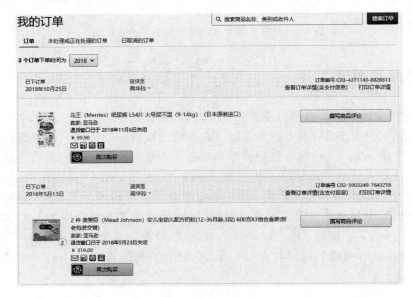

图 1-7　用户的购买记录

图 1-8　推荐与用户历史交易有关的商品

再来京东首页看一下推荐页面。某用户最近刚刚给宝宝买了艾莎公主的衣服,购物车中又加了几件喜欢的衣服,推荐的商品跟用户的购买记录有关,也与加购物车的行为有关,如图1-9 所示。

图 1-9 京东的商品推荐

1.5.4 短视频的推荐

抖音短视频网站的火爆程度有目共睹,推荐算法起了关键性作用。抖音公平对待每一个用户的每一个视频,根据算法给每一个作品分配一个流量池,当一个新的视频传送到抖音上时,抖音通过比对知道这是新的视频,然后分配第一次的推荐流量,新视频流量分发以附近和关注为主,再配合用户标签和内容标签智能分发,如果新视频的完播率高,互动率高,这个视频才有机会持续加持流量。抖音的算法让每一个有能力产出优质内容的人,得到了公平竞争的机会。

从内容逻辑来观察,抖音短视频首页的推荐算法最大限度地保留了新鲜度。抖音首页采用的是基于用户行为的推荐。用户关注的主题会经常出现,比如用户平常喜欢观看美食和当前的新冠肺炎疫情,就会更多地看到此类的短视频,也会有一些新类型的短视频出现,如图 1-10 所示。

图 1-10 抖音首页的推荐功能

1.5.5 社交媒体的推荐

社交媒体(social media)是一种给用户极大参与空间的新型在线媒体,博客、维基、播客、论坛、社交网络、内容社区都是具体的实例。知乎是一个典型的社交媒体,也是很多高层次人才频繁登录的网站,涌现了很多专栏作者。对于一个经常去知乎看有关推荐算法、自然语言处理、深度学习方面的文章的用户,就会看到知乎的首页推荐中至少会有一篇相关的专业文章,尽管首页的推荐可以反复地刷屏,但依然会看到专业文章的身影。除了专业文章,还会有其他类别的文章,充分表现出推荐的用户行为相关性和推荐的内容新颖性。知乎首页的推荐文章如图 1-11 所示。

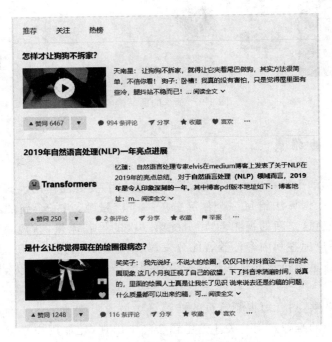

图 1-11　知乎首页的推荐文章

第 2 章　基于内容的推荐算法

基于内容的推荐算法根据信息资源与用户兴趣的相似性来推荐商品,通过计算用户兴趣模型和商品特征向量之间的向量相似性,主动将相似度高的商品发送给该模型的用户。基于内容的推荐算法的主要优势在于无冷启动问题,只要用户产生了初始的历史数据,就可以开始进行推荐的计算。而且随着用户的浏览记录数据的增加,这种推荐算法一般也会越来越准确。

基于内容的推荐算法框架如图 2-1 所示,首先根据物品的内容,包括文本信息、属性信息、分类信息等表达物品的特征(即物品画像,item profile);基于用户以往的喜欢记录,对用户的兴趣爱好进行建模(即用户画像,user profile)。然后在物品集合中计算物品画像与用户画像的相似度,选择最相近的 N 个物品(Top-N)推荐给用户。

基于内容的推荐算法一般依赖于自然语言处理(NLP)的一些知识,通过挖掘文本的特征向量,来得到用户的偏好,进而根据用户属性和历史行为数据进行推荐。这类推荐算法可以找到用户独特的小众喜好,而且还有较好的可解释性。

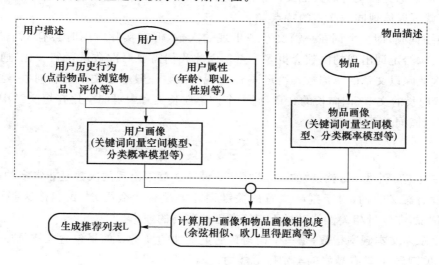

图 2-1　基于内容的推荐算法框架

2.1 TF-IDF 计算内容相似

2.1.1 TF-IDF 的概念

在内容推荐系统中，基于物品本身的内容构建物品画像。以新闻内容为例，物品就是这条新闻，物品本身的内容包括新闻的标题、描述和新闻正文的文本。一般情况下，内容常见的形式是文本，是用自然语言描述的非结构化的数据。利用自然语言处理的算法分析物品端的文本信息，将非结构化的数据结构化，在这个过程中需要将文本的信息向量化，也就是词嵌入（embedding）。

一篇文章中出现的词会有很多，那些能够表征文章特点的词，称为文档特征词，也可以称为文本的关键词。这些关键词的提取就可以利用 IF-IDF 值进行。

TF-IDF（Term Frequency-Inverse Document Frequency）是一种信息检索与数据挖掘常用的加权技术。TF-IDF 是一种统计方法，用以评估一字词对于一个文件集或一个语料库中的一份文件的重要程度。字词的重要性随着其在文件中出现的次数成正比增加，但同时会随着其在语料库中出现的频率成反比下降。

主要思想：某个词语或短语在一篇文章中出现的频率越高，并在其他文章中很少出现，表示该词语或短语有很好的类别区分能力，适合用来分类。TF-IDF 实际上是 TF8 * IDF，IDF 表示如果包含词条 t 的文档越少，n 越小，IDF 越大，词条 t 具有很好的类别区分能力，如果某类文档 C 中包含词条 t 的文档数为 m，对区别文档最有意义的词语应该是那些在文档中出现频率高，而在整个文档集合的其他文档中出现频率低的词语，所以如果特征空间坐标系取 TF 作为测度，就可以体现同类文本的特点。

TF 表示词频，即一个词在一篇文章中出现的次数，但在实际应用时会有一个漏洞，就是篇幅长的文章给定词出现的次数会更多一点。因此我们需要对次数进行归一化，通常用给定词出现的次数除以文章的总词数。给定词 w 出现的次数一般小于文章的总词数，这样可以防止 TF 值偏向于长的文章（偏向长的文章：同一个词语在长文章中可能会比在短文章中有更高的词频，而不论该词是否重要）。

$$TF_w = \frac{给定词\ w\ 出现的次数}{文章的总词数}$$

这其中还有一个漏洞，就是"的""是""啊"等词在文章中出现的次数是非常多的，但是这些大多都是没有意义的词，对于判断文章的关键词几乎没有什么用处，我们称这些词为"停用词"，也就是说，在度量相关性的时候不应该考虑这些词的频率。

IDF 表示逆文本频率指数，是一个词语普遍重要性的度量。如果包含关键词 w 的文档越少，则说明关键词 w 具有越好的类别区分能力。

某一特定词语的 IDF，可以用总的文章数量除以包含该特定词语的文章的数量，然后对得到的商取对数：

$$IDF_w = \log\left(\frac{语料库文章的总数}{包含关键词\ w\ 的文章数量 + 1}\right)$$

注意:分母加 1 是为了避免没有包含关键词的文章时分母是 0 的情况,这里 log 的底数可以根据计算的方便性自行定义,只要底数大于 1 即可,本书中后续计算以 10 为底数。

一个词预测主题的能力越强,权重(IDF)就越大;反之,权重越小。IDF 值的本质和信息熵息息相关,如果一个词在所有文档中都出现,那么这个词出现在某一文档中的概率很大,但它给一个文档带来的信息量很小。

计算出 TF 和 IDF 的值后,两个值的乘积就是一个词的权重大小,TF-IDF 的计算公式是

$$\text{TF-IDF} = \text{TF} \cdot \text{IDF}$$

某一特定文件内的高词语频率,以及该词语在整个文件集合中的低文件频率,可以产生高权重的 TF-IDF。因此,TF-IDF 倾向于过滤掉常见的词语,保留重要的词语。

在推荐中做文本内容的特征提取,要从文档中提取出前 k 个关键词,分两种情况考虑。第一种是当从文档中得到的总词数少于 k 时,计算所有词的权重的平均值,取权重在平均值之上的词作为关键词。也可以增加一些其他的过滤措施,比如仅提取动词和名词作为关键词。第二种是当从文档中得到的总词数大于 k 时,保留 TF-IDF 值最高的前 k 个词作为关键词,k 可以设定为依据文档长度变化的一个阈值。

2.1.2 计算文章相似性

计算两篇文章的相似性,要先把文章变成一组可以计算的数字,用 ID-IDF 计算出每篇文章的关键词,从中各选取相同个数的关键词,合并成一个集合,计算每篇文章对于这个集合中的词的词频,生成两篇文章各自的词频向量,进而通过相似度算法,比如欧氏距离或余弦距离,求出两个向量的余弦相似度,值越大就表示越相似。

首先我们来看怎么用一组数字(或者说一个向量)来表示一篇文章。对于一篇文章的所有实词(除去无意义的停用词),计算出它们的 TF-IDF 值,把这些值按照对应的实词在词汇表的位置依次排列,就得到了一个向量。比如,词汇表中有 64 000 个词,词编号和实词如表 2-1 所示。

表 2-1　词编号和实词

单词编号	汉字词
1	摆满
2	包括
…	…
789	孩子
…	…
64 000	住校

在某一篇文章中,词的 TF-IDF 值如表 2-2 所示。

表 2-2　单词编号和对应的 TF-IDF 值

单词编号	TF-IDF 值
1	0
2	0.003 4
⋯	⋯
789	0.034
⋯	⋯
64 000	0.075

如果单词表的某个词在文章中没有出现,对应的值为零,这样我们就得到了一个 64 000 维的向量,我们将其称为这篇文章的特征向量。然后每篇文章就可以用一个向量来表示,这样我们就可以计算文章之间的相似程度了。

向量的夹角是两个向量相近程度的度量。因此,可以通过计算两篇文章的特征向量的夹角来判断两篇文章的主题接近程度,那么我们就需要用余弦定理。

∠A 的余弦值为

$$\cos A = \frac{b^2 + c^2 - a^2}{2bc}$$

如果将三角形的两边 b 和 c 看成两个以 A 为起点的向量,那么上述公式等于

$$\cos A = \frac{<\boldsymbol{b},\boldsymbol{c}>}{|\boldsymbol{b}| \cdot |\boldsymbol{c}|}$$

其中,分母便是两个向量 b 和 c 的长度乘积,分子表示两个向量的内积。假设文章 X 和文章 Y 对应的向量是 $(x_1, x_2, \cdots, x_{64\,000})$ 和 $(y_1, y_2, \cdots, y_{64\,000})$,那么它们的夹角余弦等于

$$\cos \theta = \frac{x_1 y_1 + x_2 y_2 + \cdots + x_{64\,000} y_{64\,000}}{\sqrt{x_1^2 + x_2^2 + \cdots + x_{64\,000}^2} \cdot \sqrt{y_1^2 + y_2^2 + \cdots + y_{64\,000}^2}}$$

由于向量中的每一个变量都是正数,所以余弦的取值在 0～1 之间。当两篇文章向量的余弦等于 1 时,这两个向量的夹角为 0,两篇文章完全相同;夹角的余弦接越近于 1,两篇文章越相似,从而可以归成一类;夹角的余弦越小,夹角越大,两篇文章越不相关。

2.1.3　TF-IDF 算法的实现

本节通过 Python 对 TF-IDF 算法简单进行实现。仅输入两个句子进行测试,理解 TF-IDF 值的计算过程。两个文本数据都是中文的,所以在剔除自定义的一些停用词之后,进行中文的分词计算,计算每个关键词的 TF-IDF 值,并倒序排列输出。

首先,定义 wordDict 函数,统计每个单词在每段文本中的词语出现次数,输入的是两个文档去除停用词并分词之后得到的两个词语列表。这里利用集合进行去重。如果多于两个文档,此函数需要改写,读者可以自行修改来扩充函数功能。

下面的代码统计每个词在每个文档中出现的次数。

```
def wordDict(bowA,bowB):
    #构建词库
    wordSet = set(bowA).union(bowB)#A+B 去重
    #用统计字典来保存词出现的次数,初始化为 0
    wordDictA = dict.fromkeys(wordSet,0)#从集合里创建字典,字典的 key 是集合
                                                   的元素
    wordDictB = dict.fromkeys(wordSet,0)
    #遍历文档,统计词数
    for word in bowA:
        wordDictA[word] += 1
    for word in bowB:
        wordDictB[word] += 1
return wordDictA,wordDictB
```

　　然后根据公式,computeTF 函数在单个文档中计算每个词的词频,即 TF 值。用字典对象记录 TF 词频。输出格式为:{词语:TF 值}。

　　computeIDF 函数计算词语在所有文档中的拟文档频率 IDF 值。computeTFIDF 函数计算最终的 TF-IDF 值。

```
#计算词频
def computeTF(wordDict,bow):
    #用一个字典对象记录 tf,把所有的词对应在 bow 文档里的 tf 都计算出来
    tfDict = {}
    nbowCount = len(bow)
    for word, count in wordDict.items():
        tfDict[word] = count / nbowCount
    return tfDict


#计算逆文档频率
def computeIDF(wordDictList):
    #用字典保存 idf 的结果,每个词都作为 key
    idfDict = dict.fromkeys(wordDictList[0], 0)
    N = len(wordDictList)
    for wordDict in wordDictList:
        #遍历字典中的每个词汇,统计 Ni
        for word, count in wordDict.items():
            if count > 0:
                #先把 Ni 增加 1,存入 idfDict
                idfDict[word] += 1
    #已经得到所有词汇 i 对应的 Ni,根据公式把它替换为 idf 值
    for word,ni in idfDict.items():
```

23

```
            idfDict[word] = math.log10((N+1)/(ni+1))
    return idfDict


# 计算 TF-IDF
def computeTFIDF(tf,idfs):
    tfidf = {}
    for word, tfval in tf.items():
        tfidf[word] = tfval * idfs[word]
return tfidf
```

在主函数中直接载入数据,根据文本内容自定义停用词表,使用 jieba 分词进行中文分词,调用上面的函数进行 TF-IDF 值的计算。利用 jieba 分词也可以直接进行 TF-IDF 算法的关键词提取。读者可以比较结果之间的差异。

```
import math
import jieba.analyse
if __name__ == '__main__':
    # 载入数据测试
    docA = "截至 3 月 21 日 9 时,全国累计报告确诊病例 81416 例,累计死亡病例 3261
            例,累计治愈出院 71876 例,现有疑似病例 106 例。"
    docB = "截至 3 月 20 日 24 时,境外输入病例最多的几个省份是:北京 84 例,广东
            49 例,甘肃 43 例,上海 42 例,浙江 19 例。这 5 个省市累计输入 237 例,占
            境外输入病例总量的 88% 。"
    print("句子 A:{A}\n 句子 B:{B}".format(A=docA,B=docB))

    # 自定义停用词表
    stopwords = [" ",",","、","。",":","是","的","这","个"]
    # 分词,清除空格、逗号、句号
    bowA = []
    for word in list(jieba.cut(docA,cut_all=False)):
        if word not in stopwords:
            bowA.append(word)
    bowB = []
    for word in list(jieba.cut(docB,cut_all=False)):
        if word not in stopwords:
            bowB.append(word)
    wordDictA,wordDictB = wordDict(bowA,bowB)
    # 计算词频
    tfA = computeTF(wordDictA, bowA)
    tfB = computeTF(wordDictB, bowB)
    # 计算逆文档频率
```

```
idfs = computeIDF([wordDictA, wordDictB])
tdidfA = computeTFIDF(tfA,idfs)
tdidfB = computeTFIDF(tfB,idfs)
print("python 实现每个单词的 TF-IDF 值:")
print(sorted(tdidfA.items(),key = lambda x:x[1],reverse = True))
print(sorted(tdidfB.items(),key = lambda x:x[1],reverse = True))

#利用 jieba 分词中的函数直接实现 TF-IDF 算法的关键词提取,对比结果
print("jieba 直接实现的 TF-IDF 值:")
print(jieba.analyse.extract_tags(docA,topK = 10,withWeight = True))
print(jieba.analyse.extract_tags(docB, topK = 10, withWeight = True))
```

从下面的输出结果中可以看出,用 Python 编程实现 TF-IDF 算法与 jieba 分词中直接调用 TF-IDF 算法比较相近。

句子 A:截至 3 月 21 日 9 时,全国累计报告确诊病例 81416 例,累计死亡病例 3261 例,累计治愈出院 71876 例,现有疑似病例 106 例。

句子 B:截至 3 月 20 日 24 时,境外输入病例最多的几个省份是:北京 84 例,广东 49 例,甘肃 43 例,上海 42 例,浙江 19 例。这 5 个省市累计输入 237 例,占境外输入病例总量的 88%。

Python 实现的每个单词的 TF-IDF 值:

[('死亡', 0.006288973537702901), ('现有', 0.006288973537702901), ('全国', 0.006288973537702901), ('71876', 0.006288973537702901), ('9', 0.006288973537702901), ('疑似病例', 0.006288973537702901), ('3261', 0.006288973537702901), ('报告', 0.006288973537702901), ('21', 0.006288973537702901), ('106', 0.006288973537702901), ('出院', 0.006288973537702901), ('81416', 0. 006288973537702901), ('确诊', 0. 006288973537702901), ('治愈', 0.006288973537702901), ('3', 0.0), ('浙江', 0.0), ('20', 0.0), ('88%', 0.0), ('月', 0.0), ('省市', 0.0), ('输入', 0.0), ('最多', 0.0), ('甘肃', 0.0), ('上海', 0.0), ('境外', 0.0), ('24', 0.0), ('总量', 0.0), ('北京', 0.0), ('病例', 0.0), ('广东', 0.0), ('19', 0.0), ('时', 0.0), ('84', 0.0), ('截至', 0.0), ('49', 0.0), ('5', 0.0), ('42', 0.0), ('累计', 0.0), ('237', 0.0), ('几个', 0.0), ('占', 0.0), ('日', 0.0), ('43', 0.0), ('例', 0.0)]

[('输入', 0. 013206844429176093), ('省市', 0. 008804562952784062), ('境外', 0.008804562952784062), ('浙江', 0.004402281476392031), ('20', 0.004402281476392031), ('88%', 0.004402281476392031), ('最多', 0.004402281476392031), ('甘肃', 0.004402281476392031), ('上海', 0.004402281476392031), ('24', 0.004402281476392031), ('总量', 0.004402281476392031), ('北京', 0.004402281476392031), ('广东', 0.004402281476392031), ('19', 0.004402281476392031), ('84', 0.004402281476392031), ('49', 0.004402281476392031), ('5', 0.004402281476392031), ('42', 0.004402281476392031), ('237', 0.004402281476392031), ('几个', 0.004402281476392031), ('占', 0.004402281476392031), ('43', 0.004402281476392031), ('3', 0.0), ('死亡', 0.0), ('月', 0.0), ('现有', 0.0), ('全国', 0.0), ('71876', 0.0), ('9', 0.0), ('疑似病例', 0.0), ('3261', 0.0), ('病例', 0.0), ('时', 0.0), ('报告', 0.0), ('截至', 0.0), ('21', 0.0), ('106', 0.0), ('出院', 0.0), ('累计', 0.0), ('81416', 0.0), ('日', 0.0), ('确诊', 0.0), ('例', 0.0), ('治愈', 0.0)]

jieba 直接实现的 TF-IDF 值：

[('累计', 0.9569618355726317), ('病例', 0.8135765320589473), ('疑似病例', 0.65865175215263166), (' 21 ', 0.6291982896263157), (' 81416 ', 0.6291982896263157), ('3261', 0.6291982896263157), (' 71876 ', 0.6291982896263157), (' 106 ', 0.6291982896263157), ('出院', 0.45685904352105267), ('治愈', 0.44919482299736846)]

[(' 输入 ', 0.7564426202882143), (' 省市 ', 0.5750966337164286), (' 病例 ', 0.5520697896114285), ('境外', 0.48599687667714286), (' 20 ', 0.42695598224642856), (' 24 ', 0.42695598224642856), (' 84 ', 0.42695598224642856), (' 49 ', 0.42695598224642856), (' 43 ', 0.42695598224642856), (' 42 ', 0.42695598224642856)]

2.2　用 Word2Vec 计算内容相似

内容相似是指通过对物品内容的理解得到物品的向量表达,再经过向量之间的相似度计算得到相似物品的列表,基于内容的推荐是依据用户没有历史行为的物品的相似度结果排序的 Top-N 进行的。物品的内容包括物品的基础属性、物品的特征等,如果是文本内容的物品,除了使用 TF-IDF 算法计算关键词权重外,还可以利用 Word2Vec 算法计算词向量(word embedding),Word2Vec 可以在百万数量级的词典和上亿数量级的数据集上进行高效的训练,能够更好地度量词与词之间的相似性。

2013 年,Google 开源了一款用于词向量计算的工具 Word2Vec,被引入 NLP 社区后,彻底地改变了自然语言处理(NLP)的整体发展,使得 embedding 被广泛地应用于各个领域,它始于 NLP 领域,但在推荐、搜索、广告领域也应用广泛。于是有了那句"万物皆可 embedding"。Word2Vec 是 NLP 语言模型中的一种,2013 年 Tomas Mikolov 在论文中提出有两种 Word2Vec 模型——CBOW(Continuous Bag of Words)模型和 Skip-Gram 模型,前者由上下文预测当前词,后者由当前词预测上下文。Word2Vec 模型是一个简单的神经网络模型,其只有一个隐藏层,该模型的任务是预测句子中每个词的近义词。在模型训练好后,通过模型的隐藏层学习到的权重矩阵正是推荐系统需要的词向量(embeddings)。在学习过程中,需用到两种降低计算复杂度的近似方法——分层 Softmax(hierarchical Softmax)或负采样(negative sampling)。

2.2.1　CBOW One-Word Context 模型

CBOW One-Word Context 模型是通过一个上下文单词预测目标单词的神经网络模型。举个例子,"我要去()吃火锅",这里的"()"是预测目标,"我要去"和"吃火锅"就是上下文,根据"我要去",可以预测"()"应该是个地点,而"吃火锅"前面应该是个有火锅的餐馆的名字,比如"海底捞"。CBOW One-Word Context 就是上下文只有一个词,此处"去"和"吃"就是 CBOW One-Word Context 模型的上下文。

图 2-2 描述的是 CBOW One-Word Context 定义的神经网络模型。

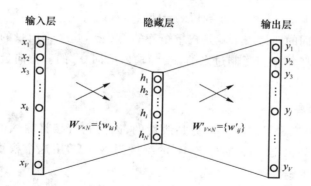

图 2-2　CBOW One-Word Context 定义的神经网络模型

可以看出,该模型有 3 层神经网络,分别为输入层、隐藏层和输出层。输入层为经过 One-Hot 方式编码的词向量。词典(文本词汇量)的大小为 V,隐藏层的大小为 N。输入层和隐藏层之间、隐藏层和输出层之间都是全连接的。输入层和隐藏层之间的权重矩阵的维度为 $V \times N$。

1. 输入层

输入网络之前先将一个词用向量表示,这里采用 One-Hot 方式编码 $\boldsymbol{x} = (x_1, x_2, \cdots, x_V)$。假设输入层为第 k 个单词,那么该单词的向量表示为 $\boldsymbol{x}_k = (0, 0, \cdots, 1, \cdots, 0)$,即除第 k 个位置处的元素为 1 之外,其他位置处的元素皆为 0,如图 2-3 所示。

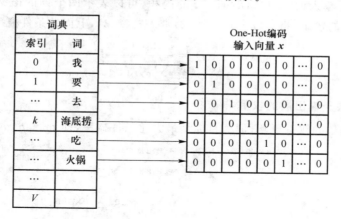

图 2-3　输入层 One-Hot 编码

2. 输入层→隐藏层

从输入层到隐藏层的权重值可以用一个 $V \times N$ 维的矩阵 $\boldsymbol{W}$ 来表示,即

$$\boldsymbol{W} = \begin{pmatrix} w_{11} & w_{12} & \cdots & w_{1N} \\ w_{21} & w_{22} & \cdots & w_{2N} \\ \vdots & \vdots & & \vdots \\ w_{V1} & w_{V2} & \cdots & w_{VN} \end{pmatrix}$$

由于 $\boldsymbol{W}$ 的维度是 $V \times N$,那么 $\boldsymbol{W}^{\mathrm{T}}$ 的维度为 $N \times V$,而输入 $\boldsymbol{x}$ 的维度为 $V \times 1$,所以输出 $\boldsymbol{h}$ 的维度是 $N \times 1$。由于列向量 $\boldsymbol{x}$ 中只有第 k 行元素为 1,所以 $\boldsymbol{h}$ 的元素其实就是权重矩阵 $\boldsymbol{W}$ 的第 k 行的元素。将其表示为输入词向量:

$$h = W^{\mathrm{T}} x = W_{(k,\cdot)}^{\mathrm{T}} := v_{w_1}^{\mathrm{T}} \tag{2-1}$$

也就是说第 k 个输入词的向量表示就是权重矩阵的第 k 行,这个词向量的维度为 $N \times 1$。整个 h 向量完全是从 W 矩阵第 k 行复制过来的,v_{w_1} 为输入单词 w_1 的一种向量表示(其实就是输入向量)。

3. 隐藏层→输出层

式(2-1)可以说明隐藏层的激活函数是线性的,因为它直接将输入的加权和传给了下一层。接下来是隐藏层到输出层,权重矩阵 W' 的维度为 $N \times V$,用这个权重矩阵我们能计算词典中每个单词的得分 u_j:

$$u_j = v_{w_j}'^{\mathrm{T}} h \tag{2-2}$$

其中 v_{w_j}' 为权重矩阵 W' 的第 j 列,其可以看作输出词的向量表示,维度为 $N \times 1$,那么其转置的维度为 $1 \times N$,h 的维度为 $N \times 1$,所以得分 u_j 是一个数。对于"我要去()吃火锅",我们需要根据上下文预测当前词,显然这是一个多分类任务,"()"中可以是"海底捞",也可以是"东来顺",还可以是"天台""操场"等,只是每个词的概率不同而已,由于这是多分类任务,所以用 softmax 函数,如下:

$$p(w_j \mid w_1) = y_j = \frac{\exp(u_j)}{\sum_{j'=1}^{V} \exp(u_{j'})} \tag{2-3}$$

得分 u_j 实际上就是输入词 $v_{w_1}^{\mathrm{T}}$ 和输出词 $v_{w_o}'^{\mathrm{T}}$ 的内积,可以表示两个词的语义的接近程度。条件概率就是输出层的输出,将式(2-1)、式(2-2)带入式(2-3),上面的条件概率可以写为

$$p(w_O \mid w_1) = \frac{\exp(v_{w_o}'^{\mathrm{T}} v_{w_1})}{\sum_{w=1}^{W} \exp(v_w'^{\mathrm{T}} v_{w_1})} \tag{2-4}$$

4. 更新隐藏层→输出层的权重

接下来推导模型的权重更新,训练目标是最大化条件概率,即 $\max p(w_O|w_1)$。

$$\begin{aligned}
\max p(w_O \mid w_1) &= \max y_{j^*} \\
&= \max \lg y_{j^*} \\
&= u_{j^*} - \lg \sum_{j'=1}^{V} \exp(u_{j'}) \\
&:= -E
\end{aligned} \tag{2-5}$$

其中 $E = -\lg p(w_O|w_1)$ 为损失函数,最大化条件概率等价于最小化 E。这可看作交叉熵的特殊情况。

损失函数 E 对 u_j 求导得

$$\frac{\partial E}{\partial u_j} = y_j - t_j := e_j \tag{2-6}$$

只有当第 j 个单元是实际的输出单词时,t_j 取值为 1。这个求导的结果是输出层的预测误差 e_j。通过对 w_{ij}' 求导,得到隐藏层到输出层的权重梯度:

$$\frac{\partial E}{\partial w_{ij}'} = \frac{\partial E}{\partial u_j} \cdot \frac{\partial u_j}{\partial w_{ij}'} = e_j \cdot h_i \tag{2-7}$$

因此,使用随机梯度下降法(SGD),我们得到的权重更新式为

$$w_{ij}'^{(\mathrm{new})} = w_{ij}'^{(\mathrm{old})} - \eta \cdot e_j \cdot h_i \tag{2-8}$$

或者

$$\boldsymbol{v}'^{(\mathrm{new})}_{w_j} = \boldsymbol{v}'^{(\mathrm{old})}_{w_j} - \eta \cdot e_j \cdot \boldsymbol{h} \tag{2-9}$$

其中，$j=1,2,\cdots,V$，$\eta>0$ 为学习率，$e_j = y_j - t_j$，h_i 是隐藏层的第 i 个单元，$\boldsymbol{v}'_{w_j}$ 是 w_j 的输出向量。式(2-9)意味着需要遍历词典中每个可能的单词，检验输出概率 y_j，然后比较 y_j 和它的期望输出 t_j。

接下来，就要说到为什么 embedding 可以让上下文相似的词，在 embedding 空间离得更近了(这里的距离是余弦距离，离得近表示两个词向量之间的夹角小)。

假设有两个向量 $\boldsymbol{u}$ 和 $\boldsymbol{v}$ 以及标量 $k>0$，如图 2-4 所示。

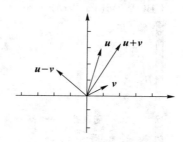

图 2-4　两个向量 $\boldsymbol{u}$、$\boldsymbol{v}$ 的余弦距离

从图 2-4 中可以看出，如果 $\boldsymbol{u}$ 向量更新为两个向量相加得到的新向量 $\boldsymbol{u}+\boldsymbol{v}$，向量 $\boldsymbol{u}+\boldsymbol{v}$ 与向量 $\boldsymbol{v}$ 的夹角比原来两个向量的夹角更小了，也就是余弦距离更近了；如果向量 $\boldsymbol{u}$ 更新为两个向量相减得到的新向量 $\boldsymbol{u}-\boldsymbol{v}$，则向量 $\boldsymbol{u}-\boldsymbol{v}$ 与向量 $\boldsymbol{v}$ 的夹角比原来两个向量的夹角更大了，也就是余弦距离更远了。

在式(2-9)中，当 $y_j>t_j$ 时(实际上大多数情况下不等式是成立的，因为 y_j 为概率，其取值范围为 $0 \leqslant y_j \leqslant 1$，而只有当第 j 个单元是实际的输出单词时，t_j 取值为 1，其他时候为 0)，预测误差 $e_j>0$，又因为学习速率 $\eta>0$，所以 $\boldsymbol{v}'^{(\mathrm{new})}_{w_j}$(即 $\boldsymbol{v}_{w_O}$)为向量 $\boldsymbol{v}'^{(\mathrm{old})}_{w_j}$ 和向量 $\boldsymbol{h}$(即 $\boldsymbol{v}_{w_I}$)的差，输入向量 $\boldsymbol{v}_{w_I}$ 和更新后的输出向量 $\boldsymbol{v}'^{(\mathrm{new})}_{w_j}$ 距离更远了；反之，当 $y_j<t_j$ 时，预测误差 $e_j<0$，所以 $\boldsymbol{v}'^{(\mathrm{new})}_{w_j}$ 为向量 $\boldsymbol{v}'^{(\mathrm{old})}_{w_j}$ 和向量 $\boldsymbol{h}$ 的和，输入向量 $\boldsymbol{v}_{w_I}$ 和更新后的输出向量 $\boldsymbol{v}'^{(\mathrm{new})}_{w_j}$ 距离更近了。

5. 更新输入层→隐藏层的权重

损失函数 E 对 h_i 求导得

$$\frac{\partial E}{\partial h_i} = \sum_{j=1}^{V} \frac{\partial E}{\partial u_j} \cdot \frac{\partial u_j}{\partial h_i} = \sum_{j=1}^{V} e_j \cdot w'_{ij} := \mathrm{EH}_i \tag{2-10}$$

$\mathbf{EH}$ 为 N 维向量，它是字典中所有单词输出向量的和，其权重为预测误差。接下来对 $\boldsymbol{W}$ 求导，由式(2-1)可以得到

$$h_i = \sum_{k=1}^{V} x_k \cdot w_{ki} \tag{2-11}$$

故 E 对 $\boldsymbol{W}$ 的导数为

$$\frac{\partial E}{\partial w_{ki}} = \frac{\partial E}{\partial h_i} \cdot \frac{\partial h_i}{\partial w_{ki}} = \mathrm{EH}_i \cdot x_k \tag{2-12}$$

E 对 $\boldsymbol{W}$ 的导数可以看作 $\boldsymbol{x}$ 和 $\mathbf{EH}$ 的张量积，即

$$\frac{\partial E}{\partial \boldsymbol{W}} = \boldsymbol{x} \otimes \mathbf{EH} = \boldsymbol{x}\mathbf{EH}^{\mathrm{T}} \tag{2-13}$$

因为向量 $\boldsymbol{x}$ 中只有一个元素非零，所以 $\dfrac{\partial E}{\partial \boldsymbol{W}}$ 的维度为 $N \times 1$，且其值为 $\mathbf{EH}^{\mathrm{T}}$，所以有

$$v_{w_I}^{(\text{new})} = v_{w_I}^{(\text{old})} - \eta \cdot \mathbf{EH}^T \tag{2-14}$$

在迭代之后，W 的其他行不会发生改变，因为其他行的导数为 0，由于 $\mathbf{EH}$ 是词典中所有单词输出向量的加权和，权重为预测误差，所以式（2-14）可以理解为将词典中每个输出向量的一部分添加到上下文单词的输入向量中。这样通过多次的迭代和更新，对向量的影响就会累积。

2.2.2 CBOW Multi-Word Context 模型

CBOW Multi-Word Context 模型是根据给出的多个上下文单词（context word）去预测一个中心单词（target word）的模型。CBOW Multi-Word Context 模型如图 2-5 所示。

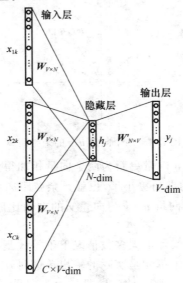

图 2-5 CBOW Multi-Word Context 模型

CBOW Multi-Word Context 模型包含输入层、隐藏层和输出层，其中输入层有 C 个词向量，输出层有 1 个词向量。下面将对这 3 个层神经网络的前向计算与反向传播过程进行详细介绍。

1. 隐藏层的计算

隐藏层的输入为上下文单词，隐藏层的输出为上下文单词的输入向量的均值与输入层到隐藏层的权重矩阵的乘积，即

$$\begin{aligned} h &= \frac{1}{C} W^T (x_1 + x_2 + \cdots + x_C) \\ &= \frac{1}{C} W^T (v_{w_1} + v_{w_2} + \cdots + v_{w_C})^T \end{aligned} \tag{2-15}$$

其中 C 是上下文的单词数，$w_1, w_2, \cdots, w_C$ 为上下文单词，v_w 是单词 w 的输入向量。

2. 损失函数

$$\begin{aligned} E &= -\lg p(w_O \mid w_{I1}, w_{I2}, \cdots, w_{IC}) \\ &= -u_{j^*} + \lg \sum_{j'=1}^{V} \exp(u_{j'}) \\ &= -v_{w_O}'^T \cdot h + \lg \sum_{j'=1}^{V} \exp(v_{w_j}'^T \cdot h) \end{aligned} \tag{2-16}$$

3. 权重更新

Multi-Word Context 的隐藏层→输出层权重迭代更新公式和 One-Word Context 的是相同的,即

$$\boldsymbol{v}_{w_j}^{'(\text{new})} = \boldsymbol{v}_{w_j}^{'(\text{old})} - \eta \cdot e_j \cdot \boldsymbol{h} \tag{2-17}$$

其中,$j = 1, 2, \cdots, V$。输入层→隐藏层权重迭代更新公式如下:

$$\boldsymbol{v}_{w_{\text{Ic}}}^{(\text{new})} = \boldsymbol{v}_{w_{\text{Ic}}}^{(\text{old})} - \frac{1}{C} \cdot \eta \cdot \mathbf{EH}^{\text{T}} \tag{2-18}$$

其中:$c = 1, 2, \cdots, C$;$\boldsymbol{v}_{w_{\text{Ic}}}$ 是上下文中的第 c 个单词的输入向量;η 为正学习速率;$\mathrm{EH}_i = \dfrac{\partial E}{\partial h_i}$ 由式 (2-10)给出。

2.2.3 Skip-Gram 模型

与 CBOW 模型正好相反,Skip-Gram 模型给出中心单词,预测上下文信息。对于"我要去海底捞()","吃火锅"可以视为上下文,显然"吃火锅"要比"打篮球"更合适。Skip-Gram 模型的结构如图 2-6 所示。

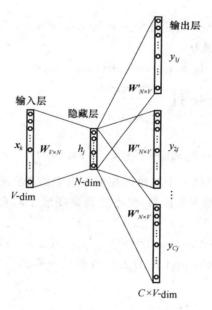

图 2-6 Skip-Gram 模型的结构

Skip-Gram 模型是一个 3 层的神经网络模型,包含输入层、隐藏层和输出层,其中输入层只有 1 个词向量,输出层有 C 个词向量。下面将对这 3 层神经网络结构的前向计算和反向传播过程进行详细介绍。

1. 隐藏层的计算

同样 $\boldsymbol{v}_{w_1}$ 表示输入层唯一的那个单词的输入向量,那么隐藏层的输出 $\boldsymbol{h}$ 的计算公式和式 (2-1)是相同的,词向量 $\boldsymbol{v}_{w_1}$ 为输入层→隐藏层的权重矩阵 $\boldsymbol{W}$ 中的某一行。

$$\boldsymbol{h} = \boldsymbol{W}^{\text{T}} \boldsymbol{x} = \boldsymbol{W}_{(k, \cdot)}^{\text{T}} := \boldsymbol{v}_{w_1}^{\text{T}} \tag{2-19}$$

式(2-19)显示：h 向量其实就是输入层→隐藏层的权重矩阵 W 的某一行结合输入单词 w_1 的向量拷贝。

2. 输出层的计算

在输出层，与 CBOW 模型的输出为单个多项式分布不同的是，Skip-Gram 模型在输出层输出 C 个多项式分布。每个输出都使用相同的隐藏层→输出层的权重矩阵进行计算，即

$$p(w_{cj} = w_{Oc} \mid w_1) = y_{cj} = \frac{\exp(u_{cj})}{\sum\limits_{j'=1}^{V} \exp(u_{j'})} \tag{2-20}$$

其中，w_{cj} 是输出层第 c 个 panel 的第 j 个单词（panel：输出层的表示每个上下文单词的神经元的组合，图 2-6 中一共有 C 个上下文单词，所以总共有 C 个 panel）；w_{Oc} 表示输出上下文单词中的第 c 个单词；w_1 为唯一的输入单词；y_{cj} 是输出层中的第 c 个 panel 的第 j 个神经元的输入值。因为输出层的所有的 C 个 panel 共享同一权重矩阵 W'，因此

$$u_{cj} = u_j = v'^{\mathrm{T}}_{w_j} \cdot h \tag{2-21}$$

其中：$c = 1, 2, \cdots, C$；v'_{w_j} 是词典中的第 j 个单词 w_j 的输出向量，同样，它也取自隐藏层→输出层权重矩阵 W' 的第 j 列。

3. 损失函数

Skip-Gram 模型参数更新公式的推导过程与 One-Word Context 模型的推导过程大体上一样。这里我们将损失函数变为

$$
\begin{aligned}
E &= -\lg p(w_{O1}, w_{O2}, \cdots, w_{OC} \mid w_1) \\
&= -\lg \prod_{c=1}^{C} \frac{\exp(u_{cj_c^*})}{\sum\limits_{j'=1}^{V} \exp(u_{j'})} \\
&= -\sum_{c=1}^{C} u_{j_c^*} + C \cdot \lg \sum_{j'=1}^{V} \exp(u_{j'})
\end{aligned}
\tag{2-22}
$$

其中，j_c^* 为第 c 个输出层输出的上下文单词在词汇表中的真实索引。

损失函数还是条件概率的对数函数，只不过概率变成了联合条件概率。因为上下文中的 C 个词之间是独立的，所以有

$$p(w_{O1}, w_{O2}, \cdots, w_{OC} \mid w_1) = p(w_{O1} \mid w_1) p(w_{O2} \mid w_1) \cdots p(w_{OC} \mid w_1) \tag{2-23}$$

每一个乘子都和 One-Word Context 中的条件概率是一样的。所以，损失函数可以整理成式(2-22)。

4. 梯度计算

在得到损失函数 E 之后，我们对输出层的每一个 panel 上的所有激活单元的输入值 u_{cj}，求其关于 E 的偏导数，得

$$\frac{\partial E}{\partial u_{cj}} = y_{cj} - t_{cj} := e_{cj} \tag{2-24}$$

其中，e_{cj} 为输出层神经元的预测误差，与式(2-6)类似。为了简化符号，我们定义一个 V 维的向量 $\mathbf{EI} = \{EI_1, EI_2, \cdots, EI_V\}$，$EI_j$ 为所有上下文单词的预测误差之和，用公式定义如下：

$$EI_j = \sum_{c=1}^{C} e_{cj} \tag{2-25}$$

接下来计算损失函数 E 对隐藏层→输出层的权重矩阵 W' 的偏导数：

$$\frac{\partial E}{\partial w'_{ij}} = \sum_{c=1}^{C} \frac{\partial E}{\partial u_{cj}} \cdot \frac{\partial u_{cj}}{\partial w'_{ij}} = EI_j \cdot h_i \tag{2-26}$$

5. 权重更新

由式(2-26)，我们可以得到隐藏层→输出层的权重矩阵 $\boldsymbol{W}'$ 的参数更新公式，为

$$w'^{(\text{new})}_{ij} = w'^{(\text{old})}_{ij} - \eta \cdot EI_j \cdot h_i \tag{2-27}$$

或者

$$\boldsymbol{v}^{(\text{new})}_{w_j} = \boldsymbol{v}^{(\text{old})}_{w_j} - \eta \cdot EI_j \cdot \boldsymbol{h} \tag{2-28}$$

其中 $j=1,2,\cdots,V$。上述参数更新公式的直观概念理解与式(2-9)一样，除了一点就是：输出层预测误差的计算基于多个上下文单词，而不是单个目标单词。需注意的是，对于每一个训练样本，我们都要利用该参数更新公式来更新隐藏层→输出层的权重矩阵 $\boldsymbol{W}'$ 的每个元素。

同样，对于输入层→隐藏层的权重矩阵 $\boldsymbol{W}$ 的参数更新公式的推导过程，除了要将预测误差 e_j 替换为 EI_j 外，其他与式(2-10)到式(2-14)类似。这里我们直接给出更新公式：

$$\boldsymbol{v}^{(\text{new})}_{w_I} = \boldsymbol{v}^{(\text{old})}_{w_I} - \eta \cdot \boldsymbol{EH}^{\mathrm{T}} \tag{2-29}$$

其中，$\boldsymbol{EH}$ 是一个 N 维向量，组成该向量的每一个元素都可以用如下公式表示：

$$EH_i = \sum_{j=1}^{V} EI_j \cdot w'_{ij} \tag{2-30}$$

式(2-30)的直观理解与式(2-14)类似，这里不作描述。

2.3　算 法 优 化

由式(2-17)可以看出，当更新输出向量时，需要迭代词典中的每一个单词 w_j，然后计算每一个单词的输出概率 y_j、预测误差 e_j，更新词向量 $\boldsymbol{v}'_j$。如果训练集很大，遍历训练集中的所有单词，这样计算效率无疑是非常低的。Word2Vec 的作者提出了两种优化方法：分层 Softmax 和负采样。

2.3.1　分层 Softmax

分层 Softmax 是计算 Softmax 的有效方式，它使用二叉树（Word2Vec 中使用的是哈夫曼树）表示词典中的所有词。V 个词必须为二叉树的叶子节点，那么有 $V-1$ 个内部节点。对于每个叶子节点（词）都存在唯一的从根节点到叶子节点的路径，这条路径可以估算词表示的概率。词汇表单词的二叉树表示如图 2-7 所示。

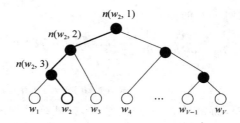

图 2-7　词汇表单词的二叉树表示

下面介绍一个分层 Softmax 模型的二叉树例子。

白色节点表示词典中的词,黑色节点表示内部节点。黑色加粗的线表示从根节点到 w_2 的路径,$n(w,j)$ 表示从根节点到词 w 的路径中的第 j 个节点。每一个内部节点都有一个输出向量 $\boldsymbol{v}'_{n(w,j)}$,词被定义为输出词的概率如下:

$$p(w = w_O) = \prod_{j=1}^{L(w)-1} \sigma([\![n(w, j+1) = \mathrm{ch}(n(w, j))]\!] \cdot \boldsymbol{v}'^{\mathrm{T}}_{n(w,j)} \boldsymbol{h}) \tag{2-31}$$

其中:$\mathrm{ch}(n)$ 表示节点 n 的左孩子节点;$L(w)$ 表示路径长度;$\boldsymbol{h}$ 为隐藏层的输出(在 Skip-Gram 模型中,$\boldsymbol{h} = \boldsymbol{v}_{w_j}$,在 CBOW 模型中,$\boldsymbol{h} = \dfrac{1}{C} \sum\limits_{c=1}^{C} \boldsymbol{v}_{w_c}$);$\boldsymbol{v}'_{n(w,j)}$ 为内部节点 $n(w,j)$ 的向量表示。定义如下:

$$[\![x]\!] = \begin{cases} 1, & x \text{ 为真} \\ -1, & \text{其他} \end{cases} \tag{2-32}$$

为了更直观地理解式(2-31),以图 2-7 所示的二叉树为例,计算 w_2 为输出词的概率。

假设内部节点 n 的子节点为左孩子的概率为

$$p(n, \mathrm{left}) = \sigma(\boldsymbol{v}'^{\mathrm{T}}_n \boldsymbol{h}) \tag{2-33}$$

那么,w_2 为输出词的概率为

$$\begin{aligned} p(w = w_O) &= p(n(w_2, 1), \mathrm{left}) \cdot p(n(w_2, 2), \mathrm{left}) \cdot p(n(w_2, 3), \mathrm{right}) \\ &= \sigma(\boldsymbol{v}'^{\mathrm{T}}_{n(w_2, 1)} \boldsymbol{h}) \cdot \sigma(\boldsymbol{v}'^{\mathrm{T}}_{n(w_2, 2)} \boldsymbol{h}) \cdot \sigma(-\boldsymbol{v}'^{\mathrm{T}}_{n(w_2, 3)} \boldsymbol{h}) \end{aligned} \tag{2-34}$$

式(2-34)是式(2-31)的展开形式。

现在推导内部节点向量参数更新方程式,为了简化表示,令

$$[\![\cdot]\!] := [\![n(w, j+1) = \mathrm{ch}(n(w, j))]\!] \tag{2-35}$$

$$\boldsymbol{v}'_j := \boldsymbol{v}'_{n_{(w,j)}} \tag{2-36}$$

所以,损失函数为

$$\begin{aligned} E &= -\lg p(w = w_O \mid w_I) \\ &= -\sum_{j=1}^{L(w)-1} \lg \sigma([\![\cdot]\!] \boldsymbol{v}'^{\mathrm{T}}_j \boldsymbol{h}) \end{aligned} \tag{2-37}$$

那么损失函数 E 对 $\boldsymbol{v}'_j \boldsymbol{h}$ 求偏导:

$$\begin{aligned} \frac{\partial E}{\partial \boldsymbol{v}'_j \boldsymbol{h}} &= (\sigma([\![\cdot]\!] \boldsymbol{v}'^{\mathrm{T}}_j \boldsymbol{h}) - 1) [\![\cdot]\!] \\ &= \begin{cases} \sigma(\boldsymbol{v}'^{\mathrm{T}}_j \boldsymbol{h}) - 1, & [\![\cdot]\!] = 1 \\ \sigma(\boldsymbol{v}'^{\mathrm{T}}_j \boldsymbol{h}), & [\![\cdot]\!] = -1 \end{cases} \\ &= \sigma(\boldsymbol{v}'^{\mathrm{T}}_j \boldsymbol{h}) - t_j \end{aligned} \tag{2-38}$$

推导过程省略。若 $[\![\cdot]\!]$ 为 1,则 t_j 为 1,否则 t_j 为 0。

进一步,求 E 对输出词向量 $\boldsymbol{v}'_j$ 的偏导:

$$\frac{\partial E}{\partial \boldsymbol{v}'_j} = \frac{\partial E}{\partial \boldsymbol{v}'_j \boldsymbol{h}} \cdot \frac{\partial \boldsymbol{v}'_j \boldsymbol{h}}{\partial \boldsymbol{v}'_j} = (\sigma(\boldsymbol{v}'^{\mathrm{T}}_j \boldsymbol{h}) - t_j) \cdot \boldsymbol{h} \tag{2-39}$$

所以更新公式为

$$\boldsymbol{v}'^{(\mathrm{new})}_j = \boldsymbol{v}'^{(\mathrm{old})}_j - \eta(\sigma(\boldsymbol{v}'^{\mathrm{T}}_j \boldsymbol{h}) - t_j) \cdot \boldsymbol{h} \tag{2-40}$$

$\sigma(\boldsymbol{v}'^{\mathrm{T}}_j \boldsymbol{h}) - t_j$ 可看作预测误差,而 $\sigma(\boldsymbol{v}'^{\mathrm{T}}_j \boldsymbol{h})$ 为预测结果,在训练过程中,如果内部节点的预测非常接近实际情况,那么向量 $\boldsymbol{v}'_j$ 将会有非常小的移动;否则,$\boldsymbol{v}'_j$ 将移动到一个合适的方向(离 $\boldsymbol{h}$ 或近或远),以减少预测误差。

接着对隐藏层的输出求偏导:

$$\frac{\partial E}{\partial \boldsymbol{h}} = \sum_{j=1}^{L(w)-1} \frac{\partial E}{\partial \boldsymbol{v'}_j \boldsymbol{h}} \cdot \frac{\partial \boldsymbol{v'}_j \boldsymbol{h}}{\partial \boldsymbol{h}}$$

$$= \sum_{j=1}^{L(w)-1} (\sigma(\boldsymbol{v'}_j^{\mathrm{T}} \boldsymbol{h}) - t_j) \cdot \boldsymbol{v'}_j$$

$$: = \mathbf{EH} \tag{2-41}$$

通过使用分层 Softmax,算法复杂度由 $O(V)$ 降为 $O(\lg(V))$。

2.3.2　负采样

未经优化的模型迭代更新系数的时候,需要遍历计算词典中的每一个输出向量,而负采样的思想就是:在迭代更新时,减小遍历词的数量,只更新少数样本。简单说,负采样就是把 Softmax 多分类转换为二分类。

这个新的词典如何创建?需要一些词作为负样本(负采样)。采样过程需要一个概率分布,它可以随机选择,我们称这种分布为噪声分布,用 $p_n(w)$ 表示。

采用负采样技术的 Word2Vec 模型的损失函数为

$$E = -\lg \sigma(\boldsymbol{v'}_{w_O}^{\mathrm{T}} \boldsymbol{h}) - \sum_{w_j \in W_{\mathrm{neg}}} \lg \sigma(-\boldsymbol{v'}_{w_j}^{\mathrm{T}} \boldsymbol{h}) \tag{2-42}$$

其中:w_O 是输出词(即正样本);$\boldsymbol{v'}_{w_O}$ 是输出词对应的输出向量;$\boldsymbol{h}$ 是隐藏层的输出向量,在 CBOW 模型中 $\boldsymbol{h} = \frac{1}{c}\sum_{c=1}^{C} \boldsymbol{v}_{w_c}$,在 Skip-Gram 模型中 $\boldsymbol{h} = \boldsymbol{v}_{w_j}$;$W_{\mathrm{neg}} = \{w_j \mid j = 1, \cdots, K\}$ 是基于 $p_n(w)$ 分布采样的词集,即负样本。

通常,一个正样本(target)和 k 个负样本组成一个小的词集。那么负采样中的噪声分布 $p_n(w)$ 该选取什么分布呢?是均匀分布采样还是高斯分布采样?Word2Vec 的作者建议,将 unigram 分布 $U(w)$ 的 $\frac{3}{4}$ 次方 $\left(\text{即}\dfrac{U(w)^{\frac{3}{4}}}{Z}\right)$ 作为噪声分布的效果会更好。

有关负采样损失函数的详细推导分析,请查看文献"Word2Vec Explained: Deriving Mikolov et al.'s Negative-Sampling Word-Embedding Method"中的相关内容。

首先损失函数 E 对 $\boldsymbol{v'}_{w_j}^{\mathrm{T}} \boldsymbol{h}$ 求导:

$$\frac{\partial E}{\partial \boldsymbol{v'}_{w_j}^{\mathrm{T}} \boldsymbol{h}} = \begin{cases} \sigma(\boldsymbol{v'}_{w_j}^{\mathrm{T}} \boldsymbol{h}) - 1, & w_j = w_O \\ \sigma(\boldsymbol{v'}_{w_j}^{\mathrm{T}} \boldsymbol{h}), & w_j \in W_{\mathrm{neg}} \end{cases}$$

$$= \sigma(\boldsymbol{v'}_{w_j}^{\mathrm{T}} \boldsymbol{h}) - t_j \tag{2-43}$$

其中,t_j 可看作词 w_j 的标签,当 w_j 为正样本时,$t_j = 1$;否则 $t_j = 0$。

接下来对词 w_j 的输出向量 $\boldsymbol{v'}_{w_j}$ 求导:

$$\frac{\partial E}{\partial \boldsymbol{v'}_{w_j}} = \frac{\partial E}{\partial \boldsymbol{v'}_{w_j}^{\mathrm{T}} \boldsymbol{h}} \cdot \frac{\partial \boldsymbol{v'}_{w_j}^{\mathrm{T}} \boldsymbol{h}}{\partial \boldsymbol{v'}_{w_j}} = (\sigma(\boldsymbol{v'}_{w_j}^{\mathrm{T}} \boldsymbol{h}) - t_j) \boldsymbol{h} \tag{2-44}$$

进而得到词的迭代更新公式:

$$\boldsymbol{v'}_{w_j}^{(\mathrm{new})} = \boldsymbol{v'}_{w_j}^{(\mathrm{old})} - \eta(\sigma(\boldsymbol{v'}_{w_j}^{\mathrm{T}} \boldsymbol{h}) - t_j) \boldsymbol{h} \tag{2-45}$$

如此一来,每次迭代只需要计算与 $w_j \in \{w_O\} \bigcup W_{\mathrm{neg}}$ 相关的参数,而不是整个词典中的每个词。为了进行反向传播,我们需要对隐藏层的输出求导,即

$$\frac{\partial E}{\partial \boldsymbol{h}} = \sum_{w_j \in \{w_O\} \cup W_{\text{neg}}} \frac{\partial E}{\partial \boldsymbol{v'}_{w_j}^{\text{T}} \boldsymbol{h}} \cdot \frac{\partial \boldsymbol{v'}_{w_j}^{\text{T}} \boldsymbol{h}}{\partial \boldsymbol{h}}$$

$$= \sum_{w_j \in \{w_O\} \cup W_{\text{neg}}} (\sigma(\boldsymbol{v'}_{w_j}^{\text{T}} \boldsymbol{h}) - t_j) \boldsymbol{v'}_{w_j}$$

$$:= \textbf{EH} \tag{2-46}$$

2.3.3 对高频词进行下采样

在语料库中,难免会有一些出现频率较高的词语,如"the""and""a"等。从熵的角度看,这类高频词携带的信息比较少。举个简单的例子,当"China"和"Beijing"同时出现时,我们可以对这两者建立关系,Beijing 是 China 的首都;但是当"China"和"the"同时出现时,我们获得的信息就很有限。同时,语料库中也会有很多低频词,为了平衡低频词和高频词,Word2Vec 的作者提出了一种下采样方法:

$$P(w_i) = 1 - \sqrt{\frac{t}{f(w_i)}} \tag{2-47}$$

$P(w_i)$ 为语料库中词 w_i 被舍弃的概率;$f(w_i)$ 为词 w_i 出现的频率;t 为一个阈值,通常取值为 10^{-5}。当某个词出现的频率大于 t 时,概率 $P(w_i)$ 就会大于 0,词频越高,词被丢弃的概率越高,从而有效地对高频词进行了采样。

2.4 基于内容的推荐算法的过程

基于内容的推荐算法是众多推荐算法中的一种,是一种机器学习算法。基于内容的推荐(Content-Based recommendation,CB)算法的思想非常简单:根据用户过去喜欢的内容,为用户推荐和他过去喜欢的内容相似的内容。关键就在于这里的内容相似性的度量,这才是算法运用过程中的核心。基于内容的推荐最重要的不是推荐算法,而是内容挖掘和分析。

CB 算法一般包括以下 3 步。

① 内容表征(item representation):为每个 item 都抽取出一些特征来表示此 item。

② 特征学习(profile learning):利用一个用户过去喜欢(及不喜欢)的 item 的特征数据,来学习此用户的喜好特征(profile)。

③ 生成推荐列表(recommendation generation):通过比较上一步得到的用户特征(profile)与候选 item 的特征,为此用户推荐一组相关性最大的 item。

2.4.1 内容表征

首先要从文章内容中抽取出代表它们的属性。常用的方法就是利用出现在一篇文章中的词来代表这篇文章,而每个词对应的权重往往使用加权技术算法来计算。利用这种方法,一篇抽象的文章就可以使用具体的一个向量来表示了。

应用中的 item 会有一些属性对它进行描述。这些属性通常可以分为两种:结构化的属性与非结构化的属性。

结构化的属性就是这个属性的意义比较明确,其取值限定在某个范围;而非结构化的属性往往其意义不太明确,取值也没什么限制,不好直接使用。

比如,在社交网站上,item 是人,一个 item 会有结构化的属性,如身高、学历、籍贯等,也会有非结构化的属性,如 item 写的个人签名、发布的内容等。对于结构化数据,可以拿来就用;但对于非结构化数据(如文章),往往要先把它转换为结构化数据,之后才能在模型里加以使用。

在真实场景中碰到最多的非结构化数据可能就是文章了。那么,如何将非结构化的文章结构化呢?

我们要表征的所有文章集合为 $D=\{d_1, d_2, \cdots, d_n\}$,而所有文章中出现的词的集合为 $T=\{t_1, t_2, \cdots, t_n\}$。也就是说,我们有 N 篇要处理的文章,而这些文章里包含了 n 个不同的词。

最终要使用一个向量来表示一篇文章,比如第 j 篇文章被表示为 $d_j=\{w_{1j}, w_{2j}, \cdots, w_{nj}\}$,其中 w_{ij} 表示第 i 个词在文章 j 中的权重,w_{ij} 值越大表示第 i 个词越重要。

所以,为了表示第 j 篇文章,现在关键的就是如何计算 d_j 各分量的值了。全部 i 个词在文章 j 中对应的权重可以用 TF-IDF、熵、信息增益和互信息等计算获得。

通过以上的方法,我们得到了每个 item 特征的表示(每篇文章中全部词的权重向量模型)。

2.4.2　特征学习

假设用户已经对一些 item 做出了喜好判断,喜欢其中的一部分 item,不喜欢其中的另一部分 item。那么,这一步要做的就是通过用户过去的这些喜好判断,形成一个模型。通过这个模型就可以判断用户是否会喜欢一个新的 item。所以,我们要解决的是一个有监督的分类问题,这里可以采用一些机器学习的分类算法。

1. K 近邻(KNN)算法

对于一个新的 item,KNN 算法首先去寻找该用户已经评判过并且与此新 item 最相似的 k 个 item,然后依据该用户对这 k 个 item 的喜好程度来判断其对此新 item 的喜好程度。

对于这个算法,比较关键的就是如何通过 item 的属性向量计算 item 之间的相似度。对于结构化数据,相似度计算可以使用欧氏距离,而如果使用向量空间模型来表示 item 的话,则相似度计算可以使用余弦相似度。

2. 决策树算法

当 item 的属性较少而且是结构化属性时,决策树会是个很好的选择。这种情况下决策树可以产生简单直观、容易让人理解的决策结果。

但是如果 item 的属性较多,且都来源于非结构化数据,例如文章,那么决策树的效果可能并不会很好。

3. 朴素贝叶斯算法

朴素贝叶斯算法经常被用来做文本分类,假设在给定一篇文章的类别后,其中各个词出现的概率相互独立。由于朴素贝叶斯算法的代码实现比较简单,所以其往往是很多分类问题里最先被尝试的算法。

我们当前的问题有两个类别:用户喜欢的 item 以及用户不喜欢的 item。在给定一个 item

的类别后,其各个属性的取值概率互相独立。我们可以利用用户的历史喜好数据进行训练,之后再用训练好的贝叶斯分类器对给定的 item 做分类。

2.4.3 生成推荐列表

如果在特征学习中我们使用了分类模型,那么只要把模型预测的用户最可能感兴趣的 n 个 item 作为推荐返回给用户即可。

第 3 章　协同过滤推荐算法

协同过滤推荐算法起源于 1992 年,被 Xerox 公司用于个性化定制邮件系统。类似于如今知乎、果壳会为用户发送个性化的邮件那样,Xerox 公司也想知道他的用户对什么感兴趣,以便给每个人发送个性化的邮件。为了达到这个目的,Xerox 公司的用户需要在数十种主题中选择 3~5 种主题,协同过滤推荐算法根据不同的主题过滤邮件,最终达到个性化的目的。

协同过滤推荐算法是诞生较早并且较为著名的推荐算法,主要的功能是预测和推荐。算法通过对用户历史行为数据的挖掘发现用户的偏好,基于不同的偏好对用户进行群组划分并推荐品味相似的商品。协同过滤推荐算法分为两类,分别是基于用户的协同过滤(user-based collaborative filtering)推荐算法和基于物品的协同过滤(item-based collaborative filtering)推荐算法。简单来说就是:物以类聚,人以群分。这一章将分别说明这两类推荐算法的原理和实现方法。

3.1　基于用户的协同过滤推荐算法

基于用户的协同过滤推荐算法是推荐系统中最古老的算法。可以毫不夸张地说,这个算法的出现标志着推荐系统的诞生。该算法在 1992 年被提出,并被应用于邮件过滤系统,1994 年被 GroupLens 用于新闻过滤。在此之后直到 2000 年,该算法都是推荐系统领域最著名的算法。

该算法通过用户的历史行为数据发现用户对商品或内容的喜好(如商品购买、收藏,内容评论或分享),并对这些喜好进行度量和打分。根据不同用户对相同商品或内容的态度和偏好程度计算用户之间的关系,在有相同喜好的用户间进行商品推荐。简单地说就是如果 A、B 两个用户都购买了 x、y、z 3 本图书,并且给出了 5 星的好评,那么 A 和 B 就属于同一类用户,可以将 A 看过的图书 w 推荐给用户 B。

3.1.1　基础算法

在每年的新学期,刚进实验室的师弟、师妹总会问师兄、师姐相似的问题,比如"我应该买什么专业书""我应该看什么论文"等。这个时候,师兄、师姐一般会给他们做出一些推荐。这就是现实中个性化推荐的一个例子。在这个例子中,师弟、师妹可能会请教很多师兄、师姐,然后做出最终的判断。师弟、师妹之所以请教师兄、师姐,一方面是因为他们有社会关系,互相认识且信任对方,另一方面是因为师兄、师姐和师弟、师妹有共同的研究领域和兴趣。那么,在一个在线个性化推荐系统中,当一个用户 A 需要个性化推荐时,可以先找到和他有相似兴趣的其他用户,然后把这些用户喜欢的,而用户 A 没有听说过的物品推荐给 A。这种方法称为基于用户的协同过滤推荐算法。

从上面的描述中可以看到,基于用户的协同过滤推荐算法主要包括两个步骤。

① 找到和目标用户偏好相似的用户集合。

② 找到这个集合中的用户喜欢的,且目标用户没有听说过的物品推荐给目标用户。

步骤①的关键就是计算两个用户的兴趣相似度。这里协同过滤推荐算法主要利用行为的相似度计算兴趣的相似度。给定用户 u 和用户 v,令 $N(u)$ 表示用户 u 曾经有过正反馈的物品集合,令 $N(v)$ 表示用户 v 曾经有过正反馈的物品集合。那么,我们可以通过如下的杰卡德相似系数(Jaccard similarity coefficient)公式简单地计算 u 和 v 的兴趣相似度:

$$w_{uv} = \frac{\left| N(u) \bigcap N(v) \right|}{\left| N(u) \bigcup N(v) \right|}$$

或者通过余弦相似度计算:

$$w_{uv} = \frac{\left| N(u) \bigcap N(v) \right|}{\sqrt{\left| N(u) \right| \left| N(v) \right|}}$$

下面以图 3-1 中的用户行为记录为例,说明如何使用 UserCF 推荐算法计算用户兴趣相似度。在该例中,用户 A 对物品{a, b, d}有过行为,用户 B 对物品{a, c}有过行为,利用余弦相似度公式计算用户 A 和用户 B 的兴趣相似度:

$$w_{AB} = \frac{\left| \{a,b,d\} \bigcap \{a,c\} \right|}{\sqrt{\left| \{a,b,d\} \right| \left| \{a,c\} \right|}} = \frac{1}{\sqrt{3 \times 2}} = \frac{1}{\sqrt{6}}$$

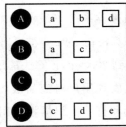

图 3-1　用户行为记录举例

同理,我们可以计算出用户 A 和用户 C、D 的相似度:

$$w_{AC} = \frac{\left| \{a,b,d\} \bigcap \{b,e\} \right|}{\sqrt{\left| \{a,b,d\} \right| \left| \{b,e\} \right|}} = \frac{1}{\sqrt{3 \times 2}} = \frac{1}{\sqrt{6}}$$

$$w_{AD} = \frac{\left| \{a,b,d\} \bigcap \{c,d,e\} \right|}{\sqrt{\left| \{a,b,d\} \right| \left| \{c,d,e\} \right|}} = \frac{1}{\sqrt{3 \times 3}} = \frac{1}{3}$$

以余弦相似度为例,实现该相似度可以利用如下的伪代码:

```
def UserSimilarity(train):
    W = dict()
    for u in train.keys():
        for v in train.keys():
            if u == v:
                continue
            W[u][v] = len(train[u] & train[v])
            W[u][v] /= math.sqrt(len(train[u]) * len(train[v]) * 1.0)
    return W
```

上面的代码对两两用户利用余弦相似度计算相似度。这种方法的时间复杂度是 $O(|U|*|U|)$，这在用户数很大时非常耗时。事实上，很多用户相互之间并没有对同样的物品产生过行为，即很多时候 $|N(u)\bigcap N(v)|=0$。上面的算法将很多时间都浪费在了计算用户之间的相似度上。换一个思路，我们可以首先计算出 $|N(u)\bigcap N(v)|\neq 0$ 的用户对 (u,v)，然后再对这种情况除以分母 $\sqrt{|N(u)N(v)|}$。

为此，可以首先建立物品到用户的倒排表，对于每个物品都保存对该物品产生过行为的用户列表。令稀疏矩阵 $C[u][v]=|N(u)\bigcap N(v)|$。那么，假设用户 u 和用户 v 同时属于倒排表中 K 个物品对应的用户列表，就有 $C[u][v]=K$。从而可以扫描倒排表中每个物品对应的用户列表，将用户列表中的两两用户对应的 $C[u][v]$ 加 1，最终就可以得到所有用户之间不为 0 的 $C[u][v]$。下面的代码实现了上面提到的算法。

```
def UserSimilarity(train):
    #建立物品到用户的倒排表
    item_users = dict()
    for u, items in train.items():
        for i in items.keys():
            if i not in item_users:
                item_users[i] = set()
            item_users[i].add(u)
    #建立用户-物品倒排索引
    C = dict()
    N = dict()
    for i, users in item_users.items():
        for u in users:
            N[u] += 1
            for v in users:
                if u == v:
                    continue
                C[u][v] += 1
    #建立一个用户相似度矩阵 W
```

```
W = dict()
for u, related_users in C.items():
    for v, cuv in related_users.items():
        W[u][v] = cuv / math.sqrt(N[u] * N[v])
    return W
```

同样以图 3-1 中的用户行为为例解释上面的算法。首先,需要建立物品-用户倒排表(如图 3-2 所示)。然后,建立一个 4×4 的用户相似度矩阵 W,对于物品 a,将 $W[A][B]$ 和 $W[B][A]$ 加 1;对于物品 b,将 $W[A][C]$ 和 $W[C][A]$ 加 1,以此类推。扫描完所有物品后,我们可以得到最终的 W 矩阵。这里的 W 是余弦相似度中的分子部分,然后将 W 除以分母可以得到最终的用户兴趣相似度。

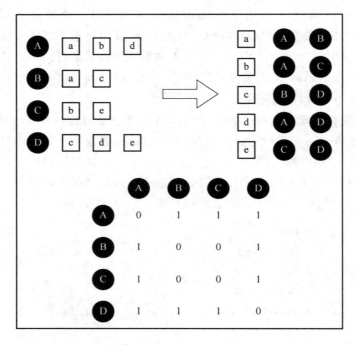

图 3-2　物品-用户倒排表

得到用户之间的兴趣相似度后,UserCF 推荐算法会给用户推荐和他兴趣最相似的 k 个用户喜欢的物品。如下的公式度量了 UserCF 推荐算法中用户 u 对物品 i 的感兴趣程度:

$$P(u,i) = \sum_{v \in s(u,K) \cap N(i)} w_{uv} r_{vi}$$

其中:$s(u,K)$ 包含和用户 u 兴趣最接近的 K 个用户;$N(i)$ 是对物品 i 有过行为的用户集合;w_{uv} 是用户 u 和用户 v 的兴趣相似度;r_{vi} 代表用户 v 对物品 i 的兴趣,因为使用的是单一行为的隐反馈数据,所以所有的 $r_{vi}=1$。

如下代码实现了上面的 UserCF 推荐算法。

```
def Recommend(user, train, W):
    rank = dict()
    interacted_items = train[user]
    for v, wuv in sorted(W[u].items, key = itemgetter(1), reverse = True)[0:K]:
```

```
            for i, rvi in train[v].items:
                if i in interacted_items:
                    # 过滤用户之前交互的项目
                    continue
                rank[i] += wuv * rvi
        return rank
```

利用上述算法可以给图 3-2 中的用户 A 进行推荐。选取 $K=3$，用户 A 对物品 c、e 没有过行为，因此可以把这两个物品推荐给用户 A。根据 UserCF 推荐算法，用户 A 对物品 c、e 的兴趣是

$$p(A,c)=w_{AB}+w_{AD}=0.7416$$
$$p(A,e)=w_{AC}+w_{AD}=0.7416$$

通过 MovieLens 数据集上的离线实验来评测基础算法的性能，结果见表 3-1。UserCF 推荐算法只有一个重要的参数 K，即为每个用户选出 K 个和他兴趣最相似的用户，然后推荐这 K 个用户感兴趣的物品给用户。因此离线实验测量了不同 K 值下 UserCF 推荐算法的性能指标。

表 3-1　MovieLens 数据集中 UserCF 推荐算法在不同 K 参数下的性能

K	准确率	召回率	覆盖率	流行度
5	16.99%	8.21%	51.33%	6.813293
10	20.59%	9.95%	41.49%	6.978854
20	22.99%	11.11%	33.17%	7.101620
40	24.50%	11.83%	25.87%	7.203149
80	25.20%	12.17%	20.29%	7.289817
160	24.90%	12.03%	15.21%	7.369063

为了反映该数据集上离线算法的基本性能，表 3-2 给出了两种基本推荐算法的性能。表 3-2 中，Random 推荐算法每次都随机挑选 10 个用户没有产生过行为的物品推荐给当前用户，MostPopular 推荐算法则按照物品的流行度给用户推荐他没有产生过行为的物品中最热门的 10 个物品。这两种算法都是非个性化的推荐算法，但它们代表了两个极端。如表 3-2 所示，MostPopular 推荐算法的准确率和召回率远远高于 Random 推荐算法，但它的覆盖率非常低，结果都非常热门。可见，Random 算法的准确率和召回率很低，但覆盖率很高，结果平均流行度很低。

表 3-2　两种基本推荐算法在 MovieLens 数据集下的性能

推荐算法	准确率	召回率	覆盖率	流行度
Random	0.631%	0.305%	100%	4.3855
MostPopular	12.79%	6.18%	2.60%	7.7244

如表 3-1 和表 3-2 所示，UserCF 推荐算法的准确率和召回率相对 MostPopular 推荐算法提高了将近 1 倍。同时，UserCF 推荐算法的覆盖率远远高于 MostPopular 推荐算法，推荐结果相对 MostPopular 推荐算法不太热门。同时可以发现参数 K 是 UserCF 推荐算法的一个重要参数，它的调整对推荐算法的各种指标都会产生一定的影响。

准确率和召回率：可以看出，推荐系统的精度指标（准确率和召回率）并不和参数 K 呈线性关系。在 MovieLens 数据集中，选择 K 等于 80 左右会获得比较高的准确率和召回率。因此选择合适的 K 对于获得高的推荐系统精度比较重要。当然，推荐结果的精度对 K 不是特别敏感，只要选在一定的区域内，就可以获得不错的精度。

流行度：可以看出，在 3 个数据集上 K 越大则 UserCF 推荐算法的推荐结果就越热门。这是因为 K 决定了 UserCF 推荐算法在给用户做推荐时参考了多少和用户兴趣相似的其他用户的兴趣，所以 K 越大，参考的人越多，结果就越趋近于全局热门的物品。

覆盖率：可以看出，在 3 个数据集上，K 越大则 UserCF 推荐算法的推荐结果的覆盖率越低。覆盖率降低是因为流行度的增加，随着流行度的增加，UserCF 推荐算法越来越倾向于推荐热门的物品，从而对长尾物品的推荐越来越少，因此造成了覆盖率的降低。

3.1.2 用户相似度计算的改进

上一小节介绍了计算用户兴趣相似度的最简单的公式（余弦相似度公式），但这个公式过于粗糙，本小节将讨论如何改进该公式来提高 UserCF 推荐算法的推荐性能。

首先，以图书为例，如果两个用户都曾买过《新华字典》，这丝毫不能说明他们兴趣相似，因为绝大多数中国人小时候都买过《新华字典》。但如果两个用户都买过《机器学习》，那可以认为他们的兴趣比较相似，因为只有研究机器学习的人才会买这本书。换句话说，两个用户对冷门物品采取过同样的行为更能说明他们兴趣的相似度。根据用户行为计算用户的兴趣相似度：

$$W_{uv} = \frac{\sum_{i \in N(u) \bigcap N(v)} \frac{1}{\lg 1 + N(i)}}{\sqrt{|N(u)||N(v)|}}$$

可以看出，该公式通过 $1/(\lg 1 + N(i))$ 惩罚了用户 u 和用户 v 共同兴趣列表中热门物品对他们相似度的影响。

本书将基于上述用户相似度公式的 UserCF 推荐算法记为 UserCF-IIF 推荐算法。下面的代码实现了上述用户相似度公式。

```
def UserSimilarity(train):
    # 建立物品到用户的倒排表
    item_users = dict()
    for u, items in train.items():
        for i in items.keys():
            if i not in item_users:
                item_users[i] = set()
            item_users[i].add(u)
    #建立用户-物品倒排索引
    C = dict()
    N = dict()
    for i, users in item_users.items():
        for u in users:
            N[u] += 1
```

```
                for v in users:
                        if u == v:
                                continue
                        C[u][v] += 1 / math.log(1 + len(users))
#建立相似度矩阵 W
W = dict()
for u, related_users in C.items():
    for v, cuv in related_users.items():
        W[u][v] = cuv / math.sqrt(N[u] * N[v])
return W
```

同样,本小节将通过实验评测 UserCF-IIF 推荐算法的推荐性能,并将其和 UserCF 推荐算法进行对比。在上一小节的实验中,$K=80$ 时 UserCF 推荐算法的性能最好,因此这里的实验同样选取 $K=80$。

如表 3-3 所示,UserCF-IIF 推荐算法在各项性能上略优于 UserCF 推荐算法。这说明在计算用户兴趣相似度时考虑物品的流行度对提升推荐结果的质量确实有帮助。

表 3-3 MovieLens 数据集中 UserCF 推荐算法和 UserCF-IIF 推荐算法的对比

推荐算法	准确率	召回率	覆盖率	流行度
UserCF	25.20%	12.17%	20.29%	7.289 817
UserCF-IIF	25.34%	12.24%	21.29%	7.261 551

3.1.3 UserCF 推荐算法的详细过程

我们模拟了 5 个用户对两件商品的评分,来说明如何通过用户对不同商品的态度和偏好寻找相似的用户。在示例中,5 个用户分别对两件商品进行了评分。这里的分值可以表示真实的购买,也可以是用户对商品不同行为的量化指标,例如浏览商品的次数、向朋友推荐商品、收藏、分享或评论等,这些行为都可以表示用户对商品的态度和偏好程度。

从图 3-3 中很难直观发现 5 个用户间的联系,我们将 5 个用户对两件商品的评分用散点图表示出来后,用户间的关系就很容易发现了。在散点图(见图 3-4)中,Y 轴是商品 2 的用户评分,X 轴是商品 1 的用户评分,通过用户的分布情况可以发现,A、C、D 3 个用户距离较近。用户 A(3.3,6.5)和用户 C(3.6,6.3)、用户 D(3.4,5.8)对两件商品的评分较为接近,而用户 E 和用户 B 则形成了另一个群体。

	商品 1 的用户评分	商品 2 的用户评分
用户 A	3.3	6.5
用户 B	5.8	2.6
用户 C	3.6	6.3
用户 D	3.4	5.8
用户 E	5.2	3.1

图 3-3 用户商品矩阵

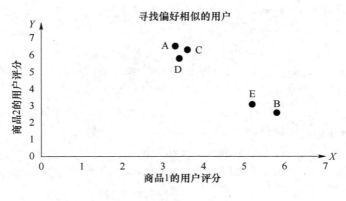

图 3-4　用散点图分析

散点图虽然直观,但无法投入实际的应用,也不能准确地度量用户间的关系。因此我们需要通过数字对用户的关系进行准确的度量,并依据这些关系完成商品的推荐。

1. 欧几里得距离评价

欧几里得距离评价是一个较为简单的用户关系评价方法。原理是通过计算两个用户在散点图中的距离来判断不同的用户是否有相同的偏好。以下是欧几里得距离评价的计算公式。

$$d(x,y) := \sqrt{(x_1 - y_1)^2 + (x_2 - y_2)^2 + \cdots + (x_n - y_n)^2} = \sqrt{\sum_{i=1}^{n}(x_i - y_i)^2}$$

通过公式我们获得了 5 个用户相互间的欧几里得系数,也就是用户间的距离。系数越小表示两个用户间的距离越近,偏好也越接近。不过这里有个问题,太小的数值可能无法准确地表现出不同用户间距离的差异,因此我们对求得的系数取倒数,使用户间的距离越接近数值越大。在图 3-5 中,可以发现,用户 A&C、用户 A&D 和用户 C&D 距离较近,同时用户 B&E 的距离也较为接近。这与我们前面在散点图中看到的情况一致。

	系　数	倒　数
用户 A&B	4.63	0.18
用户 A&C	0.36	0.73
用户 A&D	0.71	0.59
用户 A&E	3.89	0.20
用户 B&C	4.30	0.19
用户 B&D	4.00	0.20
用户 B&E	0.78	0.56
用户 C&D	0.54	0.65
用户 C&E	3.58	0.22
用户 D&E	3.24	0.24

图 3-5　欧几里得距离评价

2. 皮尔逊相关度评价

皮尔逊相关度评价是另一种计算用户间关系的方法,比欧几里得距离评价的计算要复杂一些,但当评分数据不规范时皮尔逊相关度评价能够给出更好的结果。图 3-6 所示是一个多用户对多个商品进行评分的示例。这个示例比之前的两个商品的示例情况要复杂一些,但也更接近真实的情况。我们通过皮尔逊相关度评价对用户进行分组,并推荐商品。

	商品 1	商品 2	商品 3	商品 4	商品 5
用户 A	3.3	6.5	2.8	3.4	5.5
用户 B	3.5	5.8	3.1	3.6	5.1
用户 C	5.6	3.3	4.5	5.2	3.2
用户 D	5.4	2.8	4.1	4.9	2.8
用户 E	5.2	3.1	4.7	5.3	3.1

图 3-6　基于用户的皮尔逊相关度评价

3. 皮尔逊相关系数

皮尔逊相关系数是一个在 −1 与 1 之间的数。该系数用来说明两个用户间联系的强弱程度。

$$\rho_{X,Y} = \frac{\text{cov}(X,Y)}{\sigma_X \sigma_Y}$$

$$= \frac{E((X-\mu_X)(Y-\mu_Y))}{\sigma_X \sigma_Y}$$

$$= \frac{E(XY)-E(X)E(Y)}{\sqrt{E(X^2)-E^2(X)}\sqrt{E(Y^2)-E^2(Y)}}$$

相关系数的分类：

① 0.8～1.0，极强相关；

② 0.6～0.8，强相关；

③ 0.4～0.6，中等程度相关；

④ 0.2～0.4，弱相关；

⑤ 0.0～0.2，极弱相关或无相关。

通过计算 5 个用户对 5 件商品的评分我们获得了用户间的相似度数据，如图 3-7 所示，可以看出用户 A&B、C&D、C&E 和 D&E 之间相似度较高。下一步，我们可以依照相似度对用户进行商品推荐。

	相似度
用户 A&B	0.999 8
用户 A&C	−0.847 8
用户 A&D	−0.841 8
用户 A&E	−0.915 2
用户 B&C	−0.841 7
用户 B&D	−0.835 3
用户 B&E	−0.910 0
用户 C&D	0.999 0
用户 C&E	0.976 3
用户 D&E	0.969 8

图 3-7　用皮尔逊相关系数计算的用户之间的相似度

4. 为相似的用户提供推荐物品

（1）为用户 C 推荐商品

当我们需要为用户 C 推荐商品时，首先检查之前的相似度列表，发现用户 C 和用户 D、E 的相似度较高。换句话说，这 3 个用户是一个群体，拥有相同的偏好。因此，我们可以对用户

C 推荐用户 D 和 E 的商品。但这里有一个问题,我们不能直接推荐前面商品 1~商品 5 中的商品。因为这些商品用户 C 已经浏览或者购买过了,不能重复推荐。因此我们要推荐用户 C 还没有浏览或购买过的商品。

（2）加权排序推荐

我们提取用户 D 和 E 评价过的另外 6 件商品（商品 A~商品 F）,并对不同商品的评分进行相似度加权。按加权后的结果对 6 件商品进行排序,然后推荐给用户 C。这样用户 C 就获得了与他偏好相似的用户 D 和 E 评价的商品。而在具体的推荐顺序和展示上我们依照用户 D 和 E 与用户 C 的相似度进行排序,如图 3-8 所示。

为用户 C 推荐商品												
	相似度	商品 A	商品 A*	商品 B	商品 B*	商品 C	商品 C*	商品 D	商品 D*	商品 E	商品 E*	商品 F	商品 F*
用户 D	0.998 99	3.4	3.396 56	4.4	4.395 54	5.8	5.794 13	2.1	2.097 87		0	3.8	3.796 15
用户 E	0.976 27	3.2	3.124 07		0	4.1	4.002 72	3.7	3.612 21	5.3	5.174 24	3.1	3.026 44
总　计			6.520 63		4.395 54		9.796 84		5.710 08		5.174 24		6.822 60
相似度总计			1.975 26		1.975 26		1.975 26		1.975 26		1.975 26		1.975 26
总计/相似度			3.301 15		2.225 30		4.959 77		2.890 80		2.619 52		3.454 02

图 3-8　根据用户的相似度为用户 C 推荐商品

以上是基于用户的协同过滤推荐算法。这个算法依靠用户的历史行为数据来计算相关度,也就是说必须要有一定的数据积累(冷启动问题)。对于新网站或数据量较少的网站,还有一种算法,就是基于物品的协同过滤推荐算法。

3.2　基于物品的协同过滤推荐算法

基于物品的协同过滤(item-based collaborative filtering)推荐算法是目前业界应用最多的算法之一。无论是亚马逊,还是 Netflix、Hulu、YouTube,其推荐算法的基础都是该算法。本节将从基础的算法开始介绍,然后提出算法的改进方法,并通过实际数据集评测该算法。

3.2.1　基于用户的协同过滤推荐算法和基于物品的协同过滤推荐算法的区别

基于用户的协同过滤(UserCF)和基于物品的协同过滤(ItemCF)在算法上十分类似,推荐系统选择哪种算法,主要取决于推荐系统的考量指标,两者主要的优缺点总结如下。

1. 从推荐的场景考虑

ItemCF 是利用物品间的相似性来推荐的,所以假如用户的数量远远超过物品的数量,那么可以考虑使用 ItemCF,比如购物网站,因其物品的数据相对稳定,因此计算物品的相似度时不但计算量较小,而且不必频繁更新。UserCF 更适合做新闻、博客或者微内容的推荐系统,因为其内容更新频率非常高,特别是在社交网络中,UserCF 是一个很好的选择,可以增加用户对推荐解释的信服程度。而在一个非社交网络的网站中,比如,给某个用户推荐一本书,系统给出的解释是和你有相似兴趣的人也看了这本书,这很难让用户信服,因为用户可能根本不认识那个人;但假如给出的理由是因为这本书和你以前看过的某本书相似,这样的解释相对合理,用户可能就会采纳系统的推荐。

UserCF 推荐用户所在兴趣小组中的热点,更注重社会化,而 ItemCF 则根据用户历史行为推荐相似物品,更注重个性化。所以 UserCF 一般用在新闻类网站中,如 Digg,而 ItemCF 则用在非新闻类网站中,如 Amazon 、Hulu 等。

因为在新闻类网站中,用户的兴趣爱好往往比较粗粒度,很少会有用户说只看某个话题的新闻,而且往往某个话题也不是每天都会有新闻。个性化新闻推荐更强调新闻热点,热门程度和时效性是个性化新闻推荐的重点,个性化是补充,所以 UserCF 给用户推荐和他有相同兴趣爱好的人关注的新闻,这样在保证了热点和时效性的同时,兼顾了个性化。另外一个原因是从技术上考虑的,新闻的更新非常快,随时会有新的新闻出现,如果使用 ItemCF 的话,需要维护一张物品之间相似度的表,实际在工业界这张表一般是一天一更新,这在新闻领域是万万不能接受的。

但是,在图书、电子商务和电影网站等领域,ItemCF 则能更好地发挥作用。因为在这些网站中,用户的兴趣爱好一般是比较固定的,而且相比于新闻网站更加细腻。在这些网站中,个性化推荐一般是给用户推荐他自己领域的相关物品。另外,这些网站的物品数量更新速度不快,相似度表一天一次更新可以接受。而且在这些网站中,用户数量往往远远大于物品数量,从存储的角度来讲,UserCF 需要消耗更大的空间复杂度。另外,ItemCF 可以方便地提供推荐理由,增加用户对推荐系统的信任度,所以 ItemCF 更适合这些网站。

2. 从系统的多样性考虑

在系统的多样性(也被称为覆盖率,指一个推荐系统能否给用户提供多种选择)指标下,ItemCF 的多样性要远远好于 UserCF ,因为 UserCF 会更倾向于推荐热门的物品。也就是说,ItemCF 的推荐有很好的新颖性,ItemCF 容易发现并推荐长尾里的物品。所以大多数情况下,ItemCF 的精度稍微小于 UserCF ,但是如果考虑多样性,UserCF 却比 ItemCF 要好很多。

由于 UserCF 经常推荐热门物品,所以它在推荐长尾里的项目方面能力不足;而 ItemCF 只推荐 A 领域给用户,这样它有限的推荐列表中就可能包含一定数量的非热门的长尾物品。ItemCF 的推荐对单个用户而言,显然多样性不足,但是对整个系统而言,因为不同用户的主要兴趣点不同,所以系统的覆盖率会比较好。

3. 用户特点对推荐算法影响的比较

对于 UserCF,推荐的原则是假设用户会喜欢那些和他有相同喜好的用户喜欢的东西,但是假如用户暂时找不到兴趣相投的邻居,那么 UserCF 的推荐效果就会大打折扣,因此用户是否适应 UserCF 推荐算法跟他有多少邻居是成正比关系的。基于物品的协同过滤推荐算法也是有一定前提的,即用户喜欢和他以前购买过的物品相同类型的物品,那么我们可以计算一个用户喜欢的物品的自相似度。一个用户喜欢物品的自相似度大,就说明他喜欢的东西都是比较相似的,即这个用户比较符合 ItemCF 推荐算法的基本假设,那么他对 ItemCF 的适应度自然比较好;反之,如果自相似度小,就说明这个用户的喜好习惯并不满足 ItemCF 推荐算法的基本假设,那么用 ItemCF 推荐算法所做出的推荐对于这种用户来说,其推荐效果可能不是很好。

总体来说,UserCF 的基本思想是如果用户 A 喜欢物品 a,用户 B 喜欢物品 a、b、c,用户 C 喜欢 a 和 c,那么认为用户 A 与用户 B 和 C 相似,因为他们都喜欢 a,而喜欢 a 的用户同时也喜欢 c,所以把 c 推荐给用户 A。该算法用最近邻居(nearest-neighbor)算法找出一个用户的邻居集合,该集合的用户和该用户有相似的喜好,算法根据邻居的偏好对该用户进行预测。

UserCF 推荐算法存在两个重大问题。

① 数据稀疏性。一个大型的电子商务推荐系统一般有非常多的物品,用户可能买了其中不到 1% 的物品,不同用户之间买的物品重叠性较低,导致算法无法找到一个用户的邻居,即偏好相似的用户。

② 算法扩展性。最近邻居算法的计算量随着用户和物品数量的增加而增加,不适合数据量大的情况使用。

ItemCF 的基本思想是预先根据所有用户的历史偏好数据计算物品之间的相似性,然后把与用户喜欢的物品相类似的物品推荐给用户。还是之前的例子,可以知道物品 a 和 c 非常相似,因为喜欢 a 的用户同时也喜欢 c,而用户 A 喜欢 a,所以把 c 推荐给用户 A。

因为物品直接的相似性相对比较固定,所以可以预先在线下计算好不同物品之间的相似度,把结果存在表中,当推荐时进行查表,计算用户可能的打分值,可以同时解决上面两个问题。

3.2.2 基础算法

基于用户的协同过滤推荐算法在一些网站(如 Digg)中得到了应用,但该算法有一些缺点。首先,随着网站的用户数目越来越大,计算用户兴趣相似度矩阵将越来越困难,其运算时间复杂度和空间复杂度的增长和用户数的增长近似于平方关系。其次,基于用户的协同过滤推荐算法很难对推荐结果作出解释。因此,著名的电子商务公司亚马逊提出了另一个算法——基于物品的协同过滤推荐算法。

基于物品的协同过滤推荐算法给用户推荐那些和他们之前喜欢的物品相似的物品。比如,该算法会因为用户购买过《数据挖掘导论》而给他推荐《机器学习》。不过,ItemCF 推荐算法并不利用物品的内容属性计算物品之间的相似度,它主要通过分析用户的行为记录计算物品之间的相似度。该算法认为,物品 A 和物品 B 具有很大的相似度是因为喜欢物品 A 的用户大都也喜欢物品 B。图 3-9 展示了亚马逊在 iPhone 商品界面上提供的与 iPhone 相关的商品,而相关商品都是购买 iPhone 的用户经常购买的其他商品。

图 3-9　亚马逊提供的用户购买 iPhone 后还会购买的其他商品

　　基于物品的协同过滤推荐算法可以利用用户的历史行为给推荐结果提供推荐解释,比如,给用户推荐《天龙八部》的解释可以是因为用户之前喜欢《射雕英雄传》。如图 3-10 所示,Hulu 在个性化视频推荐上利用 ItemCF 给每个推荐结果都提供了一个推荐解释,而用于解释的视频都是用户之前观看或者收藏过的视频。

图 3-10　Hulu 的个性化视频推荐

　　基于物品的协同过滤推荐算法主要分为两步。

① 计算物品之间的相似度。

② 根据物品的相似度和用户的历史行为给用户生成推荐列表。

　　如图 3-9 所示,亚马逊显示相关物品推荐时的标题是"Customers Who Bought This Item Also Bought"(购买了该商品的用户也经常购买的其他商品)。从这句话的定义出发,我们可以用下面的公式定义物品的相似度:

$$W_{ij} = \frac{|N(i) \bigcap N(j)|}{|N(i)|}$$

这里,分母 $|N(i)|$ 是喜欢物品 i 的用户数,而分子 $|N(i) \bigcap N(j)|$ 是同时喜欢物品 i 和物品 j 的用户数。因此,上述公式可以理解为喜欢物品 i 的用户中有多少比例的用户也喜欢物品 j。

　　上述公式虽然看起来很有道理,但是却存在一个问题。如果物品 j 很热门,很多人都喜欢,那么 W_{ij} 就会很大,接近 1。因此,该公式会造成任何物品都会和热门的物品有很大的相似度,这对致力于挖掘长尾信息的推荐系统来说显然不是一个好的特性。为了避免推荐出热门的物品,可以用下面的公式:

$$W_{ij} = \frac{|N(i) \bigcap N(j)|}{\sqrt{|N(i)||N(j)|}}$$

这个公式惩罚了物品 j 的权重,因此减小了热门物品会和很多物品相似的可能性。从上面的定义中可以看出,在协同过滤中两个物品产生相似度是因为它们共同被很多用户喜欢,也就是说每个用户都可以通过他的历史兴趣列表给物品"贡献"相似度。这里面蕴含着一个假设,就是每个用户的兴趣都局限在某几个方面,因此如果两个物品属于一个用户的兴趣列表,那么这两个物品可能就属于有限的几个领域,而如果两个物品属于很多用户的兴趣列表,那么它们就可能属于同一个领域,因而有很大的相似度。

　　和 UserCF 推荐算法类似,用 ItemCF 推荐算法计算物品相似度时也可以首先建立用户-物品倒排表(即对每个用户建立一个包含他喜欢的物品的列表),然后对于每个用户,将他的物品列表中的物品两两在共现矩阵 C 中加 1。详细代码如下。

```
def ItemSimilarity(train):
    #建立用户-物品倒排索引
    C = dict()
    N = dict()
    for u, items in train.items():
        for i in users:
            N[i] += 1
            for j in users:
                if i == j:
                    continue
                C[i][j] += 1
    #建立相似度矩阵 W
    W = dict()
    for i,related_items in C.items():
        for j, cij in related_items.items():
            W[u][v] = cij / math.sqrt(N[i] * N[j])
    return W
```

图 3-11 是一个根据上面的程序计算物品相似度的简单例子。图中最左边是输入的用户行为记录，每一行都代表一个用户感兴趣的物品集合。然后，对于每个物品集合，我们将里面的物品两两加一，得到一个矩阵。最终将这些矩阵相加得到上面的 C 矩阵。其中 $C[i][j]$ 记录了同时喜欢物品 i 和物品 j 的用户数。最后，将 C 矩阵归一化可以得到物品之间的余弦相似度矩阵 W。

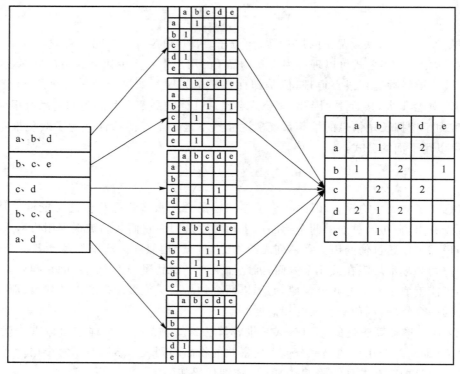

图 3-11　一个计算物品相似度的简单例子

　　表 3-4 展示了在 MovieLens 数据集上利用上面的程序计算电影之间相似度的结果。如表中结果所示,尽管在计算过程中没有利用任何内容属性,但利用 ItemCF 计算的结果却是可以从内容上看出某种相似度的。一般来说,同系列的电影、同主角的电影、同风格的电影、同国家和地区的电影会有比较大的相似度。

表 3-4　利用 ItemCF 在 MovieLens 数据集上计算出的电影相似度

电　影	电　影	相似度
Aladdin (1992)	*The Lion King* (1994)	0.568 5
Aladdin (1992)	*Beauty and the Beast* (1991)	0.563 4
Aladdin (1992)	*Toy Story* (1995)	0.529 2
Aladdin (1992)	*The Little Mermaid* (1989)	0.522 7
Aladdin (1992)	*Forrest Gump* (1994)	0.458 9
Drunken Master (1979)	*Akira* (1988)	0.208 6
Drunken Master (1979)	*Hard-Boiled* (*Lashou shentan*) (1992)	0.205 8
Drunken Master (1979)	*Rumble in the Bronx* (1995)	0.194 2
Drunken Master (1979)	*Police Story 4：Project S* (*Chao ji ji hua*) (1993)	0.191 7
Drunken Master (1979)	*Jackie Chan's First Strike* (1996)	0.191 1
Toy Story (1995)	*Groundhog Day* (1993)	0.537 3
Toy Story (1995)	*Toy Story 2* (1999)	0.531 4
Toy Story (1995)	*Aladdin* (1992)	0.529 1
Toy Story (1995)	*The Matrix* (1999)	0.501 2
Toy Story (1995)	*Back to the Future* (1985)	0.498 0
The Sixth Sense (1999)	*The Silence of the Lambs* (1991)	0.549 9
The Sixth Sense (1999)	*American Beauty* (1999)	0.546 6
The Sixth Sense (1999)	*Fargo* (1996)	0.525 0
The Sixth Sense (1999)	*Being John Malkovich* (1999)	0.524 2
The Sixth Sense (1999)	*The Usual Suspects* (1995)	0.523 1
The Matrix (1999)	*Terminator 2：Judgment Day* (1991)	0.669 1
The Matrix (1999)	*Total Recall* (1990)	0.628 2
The Matrix (1999)	*Men in Black* (1997)	0.621 0
The Matrix (1999)	*Jurassic Park* (1993)	0.613 0
The Matrix (1999)	*Star Wars：Episode IV-A New Hope* (1977)	0.600 8
Forrest Gump (1994)	*Groundhog Day* (1993)	0.556 8
Forrest Gump (1994)	*Men in Black* (1997)	0.506 7
Forrest Gump (1994)	*As Good As It Gets* (1997)	0.502 6
Forrest Gump (1994)	*Ghost* (1990)	0.502 0
Forrest Gump (1994)	*Toy Story* (1995)	0.494 8

在得到物品之间的相似度后,ItemCF 通过如下公式计算用户 u 对一个物品 j 的兴趣:

$$P_{uj} = \sum_{i \in N(u) \cap S(j,k)} w_{ji} r_{ui}$$

这里 $N(u)$ 是用户喜欢的物品的集合,$S(j,k)$ 是和物品 j 最相似的 K 个物品的集合,w_{ji} 是物品 j 和 i 的相似度,r_{ui} 是用户 u 对物品 i 的兴趣(对于隐反馈数据集,如果用户 u 对物品 i 有过行为,即可令 $r_{ui}=1$)。该公式的含义是,和用户历史上感兴趣的物品越相似的物品,越有可能在用户的推荐列表中获得比较高的排名。该公式的实现代码如下。

```
def Recommendation(train, user_id, W, K):
    rank = dict()
    ru = train[user_id]
    for i,pi in ru.items():
        for j, wj in sorted(W[i].items(), /
                key = itemgetter(1), reverse = True)[0:K]:
            if j in ru:
                continue
            rank[j] += pi * wj
        return rank
```

图 3-12 是一个基于物品推荐的简单例子。该例子中,用户喜欢《C++程序设计》和《编程之美》两本书。然后 ItemCF 会为这两本书分别找出和它们最相似的 3 本书,根据公式的定义计算用户对每本书的感兴趣程度。比如,ItemCF 给用户推荐《算法导论》,是因为这本书和《C++程序设计》相似,相似度为 0.4,而且这本书也和《编程之美》相似,相似度是 0.5。考虑用户对《C++程序设计》的兴趣度是 1.3,对《编程之美》的兴趣度是 0.9,那么用户对《算法导论》的兴趣度就是 $1.3 \times 0.4 + 0.9 \times 0.5 = 0.97$。

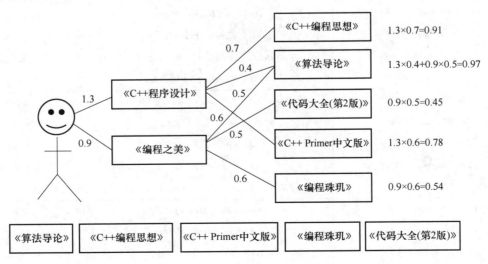

图 3-12 一个基于物品推荐的简单例子

从这个例子可以看出,ItemCF 推荐算法的一个优势就是可以提供推荐解释,即利用用户历史上喜欢的物品为现在的推荐结果进行解释。如下代码实现了带解释的 ItemCF 推荐算法。

```
def Recommendation(train, user_id, W, K):
    rank = dict()
    ru = train[user_id]
    for i,pi in ru.items():
        for j, wj insorted(W[i].items(), /
                key = itemgetter(1), reverse = True)[0:K]:
            if j in ru:
                continue
            rank[j].weight += pi * wj
            rank[j].reason[i] = pi * wj
    return rank
```

表 3-5 列出了在 MovieLens 数据集上 ItemCF 推荐算法离线实验的各项性能指标的评测结果。该表包括 ItemCF 推荐算法在不同 K 值下的性能。根据表 3-5 中的数据我们可以得出如下结论。

- 精度（准确率和召回率）。可以看出 ItemCF 推荐结果的精度是不和 K 成正相关或者负相关的，因此选择合适的 K 对获得最高精度是非常重要的。
- 流行度。和 UserCF 不同，参数 K 对 ItemCF 推荐结果流行度的影响不是完全正相关的。随着 K 的增加，结果流行度会逐渐提高，但当 K 增加到一定程度时，流行度就不会再有明显的变化。
- 覆盖率。K 增加会降低系统的覆盖率。

表 3-5　MovieLens 数据集中 ItemCF 推荐算法离线实验的结果

K	准确率	召回率	覆盖率	流行度
5	21.47%	10.37%	21.74%	7.172 411
10	22.28%	10.76%	18.84%	7.254 526
20	22.24%	10.74%	16.93%	7.338 615
40	21.68%	10.47%	15.31%	7.391 163
80	20.64%	9.97%	13.64%	7.413 358
160	19.37%	9.36%	11.77%	7.385 278

3.2.3　用户活跃度对物品相似度的影响

从前面的讨论可以看出，在协同过滤中两个物品产生相似度是因为它们共同出现在很多用户的兴趣列表中。换句话说，每个用户的兴趣列表都对物品的相似度产生贡献。那么，是不是每个用户的贡献都相同呢？

假设有这么一个用户，他是开书店的，并且买了当当网上 80% 的书准备用来自己卖。那么，他的购物车里包含当当网 80% 的书。假设当当网有 100 万本书，也就是说他买了 80 万本。从前面对 ItemCF 的讨论中可以看出，这意味着因为存在这么一个用户，有 80 万本书两两之间就产生了相似度，也就是说，内存里即将诞生一个 80 万乘 80 万的稠密矩阵。

55

另外可以看出，这个用户虽然活跃，但是买这些书并非都是出于自身的兴趣，而且这些书覆盖了当当网图书的很多领域，所以这个用户对于他所购买书的两两相似度的贡献应该远远小于一个只买了十几本自己喜欢的书的文学青年。

John S. Breese 在论文中提出了 IUF(Inverse User Frequence)，即用户活跃度对数的倒数的参数，他也认为活跃用户对物品相似度的贡献应该小于不活跃的用户，他提出了应该增加 IUF 参数来修正物品相似度的计算公式：

$$w_{ij} = \frac{\sum_{u \in N(i) \cap N(j)} \frac{1}{\lg 1 + |N(u)|}}{\sqrt{|N(i)||N(j)|}}$$

当然，上面的公式只是对活跃用户做了一种软性的惩罚，但对于很多过于活跃的用户，比如上面那位买了当当网 80% 图书的用户，为了避免相似度矩阵过于稠密，我们在实际计算中一般直接忽略他的兴趣列表，不将其纳入相似度计算的数据集中。

```
def ItemSimilarity(train):
    #建立用户-物品倒排索引
    C = dict()
    N = dict()
    for u, items in train.items():
        for i in users:
            N[i] += 1
            for j in users:
                if i == j:
                    continue
                C[i][j] += 1 / math.log(1 + len(items) * 1.0)
    #计算相似度矩阵 W
    W = dict()
    for i,related_items in C.items():
        for j, cij in related_items.items():
            W[u][v] = cij / math.sqrt(N[i] * N[j])
    return W
```

本书将上面的算法记为 ItemCF-IUF，下面我们用离线实验评测这个算法。在这里我们不再考虑参数 K 的影响，而是将 K 选为在前面实验中取得最优准确率和召回率的值 10。

如表 3-6 所示，ItemCF-IUF 在准确率和召回率两个指标上和 ItemCF 相近，但 ItemCF-IUF 明显提高了推荐结果的覆盖率，降低了推荐结果的流行度。从这个意义上来说，ItemCF-IUF 确实改进了 ItemCF 的综合性能。

表 3-6　MovieLens 数据集中 ItemCF 推荐算法和 ItemCF-IUF 推荐算法的对比

推荐算法	准确率	召回率	覆盖率	流行度
ItemCF	22.28%	10.76%	18.84%	7.254 526
ItemCF-IUF	22.29%	10.77%	19.70%	7.217 326

3.2.4　物品相似度的归一化

Karypis 在研究中发现如果将 ItemCF 的相似度矩阵按最大值归一化,可以提高推荐的准确率。其研究表明,如果已经得到了物品相似度矩阵 w,那么可以用如下公式得到归一化之后的相似度矩阵 w':

$$w'_{ij} = \frac{w_{ij}}{\max\limits_{j} w_{ij}}$$

其实,归一化的好处不仅在于增加推荐的准确度,它还可以提高推荐的覆盖率和多样性。一般来说,物品总是属于很多不同的类,每一类中的物品联系都比较紧密。举一个例子,假设在一个电影网站中,有两种电影——纪录片和动画片。那么,ItemCF 算出来的相似度一般是纪录片和纪录片的相似度或者动画片和动画片的相似度大于纪录片和动画片的相似度。但是纪录片之间的相似度和动画片之间的相似度却不一定相同。假设物品分为两类——A 和 B,A 类物品之间的相似度为 0.5,B 类物品之间的相似度为 0.6,而 A 类物品和 B 类物品之间的相似度是 0.2。在这种情况下,如果一个用户喜欢 5 个 A 类物品和 5 个 B 类物品,用 ItemCF 给他进行推荐,推荐的就都是 B 类物品,因为 B 类物品之间的相似度大。但如果归一化之后,A 类物品之间的相似度变成了 1,B 类物品之间的相似度也是 1,那么这种情况下,用户如果喜欢 5 个 A 类物品和 5 个 B 类物品,那么他的推荐列表中 A 类物品和 B 类物品的数目应该是大致相等的。从这个例子可以看出,相似度的归一化可以提高推荐的多样性。

那么,对于两个不同的类,什么样的类其类内物品之间的相似度高,什么样的类其类内物品之间的相似度低呢?一般来说,热门的类其类内物品之间的相似度一般比较大。如果不进行归一化,就会推荐比较热门的类里面的物品,而这些物品也是比较热门的。因此,推荐的覆盖率就比较低。相反,如果进行相似度的归一化,则可以提高推荐系统的覆盖率。

表 3-7 对比了 ItemCF 推荐算法和 ItemCF-Norm 推荐算法的离线实验性能。从实验结果可以看出,归一化确实能提高 ItemCF 推荐算法的性能,其中各项指标都有了比较明显的提高。

表 3-7　MovieLens 数据集中 ItemCF 推荐算法和 ItemCF-Norm 推荐算法的对比

推荐算法	准确率	召回率	覆盖率	流行度
ItemCF	22.28%	10.76%	18.84%	7.254 526
ItemCF-Norm	22.73%	10.98%	23.73%	7.157 385

3.2.5　ItemCF 推荐算法的详细过程

经典的啤酒与尿布的算法就是典型的协同过滤推荐算法。基于物品的协同过滤推荐算法的核心思想:给用户推荐那些和他们之前喜欢的物品相似的物品。基于物品的协同过滤推荐算法与基于用户的协同过滤推荐算法很像,只是将商品和用户互换。通过计算不同用户对不同物品的评分获得物品间的关系。基于物品间的关系对用户进行相似物品的推荐。这里的评分代表用户对商品的态度和偏好。简单来说就是如果用户 A 同时购买了商品 1 和商品 2,那么说明商品 1 和商品 2 的相关度较高。当用户 B 也购买了商品 1 时,可以推断他也有购买商品 2 的需求。基于相似用户的物品推荐如图 3-13 所示。

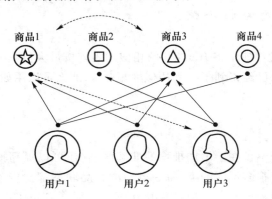

图 3-13　基于相似用户的物品推荐

1. 计算物品之间的相似度

图 3-14 中是两个用户对 5 件商品的评分。在这个图中我们对用户和商品的位置进行了互换,通过两个用户的评分来获得 5 件商品之间的相似度情况。单从图 3-14 中我们依然很难发现其中的联系,因此我们选择通过散点图进行展示。

	用户 A	用户 B
商品 1	3.3	6.5
商品 2	5.8	2.6
商品 3	3.6	6.3
商品 4	3.4	5.8
商品 5	5.2	3.1

图 3-14　用户与商品矩阵转置后

在散点图(图 3-15)中,x 轴和 y 轴分别是两个用户的评分。5 件商品按照所获的评分值分布在散点图中。我们可以发现,商品 1、3、4 在用户 A 和 B 中有着近似的评分,说明这 3 件商品的相关度较高。而商品 5 和 2 则在另一个群体中。

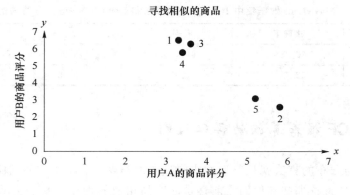

图 3-15　利用散点图进行分析

2. 欧几里得距离评价

在基于物品的协同过滤推荐算法中,我们依然可以使用欧几里得距离评价来计算不同商品间的距离和关系。

$$d(x,y) := \sqrt{(x_1-y_1)^2+(x_2-y_2)^2+\cdots+(x_n-y_n)^2} = \sqrt{\sum_{i=1}^{n}(x_i-y_i)^2}$$

通过欧几里得距离系数(见图 3-16)可以发现,商品间的距离和关系与前面散点图中的表现一致,商品 1、3、4 距离较近且关系密切,商品 2 和 5 距离较近。

	系数	倒数
商品 1&2	4.63	0.18
商品 1&3	0.36	0.73
商品 1&4	0.71	0.59
商品 1&5	3.89	0.20
商品 2&3	4.30	0.19
商品 2&4	4.00	0.20
商品 2&5	0.78	0.56
商品 3&4	0.54	0.65
商品 3&5	3.58	0.22
商品 4&5	3.24	0.24

图 3-16　欧几里得距离系数

3. 皮尔逊相关度评价

如果使用皮尔逊相关度评价来计算多用户与多商品的关系,那么对于图 3-17 中的 5 个用户对 5 件商品的评分,通过这些评分可以计算出商品间的相关度。

	用户 A	用户 B	用户 C	用户 D	用户 E
商品 1	3.3	6.5	2.8	3.4	5.5
商品 2	3.5	5.8	3.1	3.6	5.1
商品 3	5.6	3.3	4.5	5.2	3.2
商品 4	5.4	2.8	4.1	4.9	2.8
商品 5	5.2	3.1	4.7	5.3	3.1

图 3-17　商品间的皮尔逊相关度

4. 皮尔逊相关度计算公式

通过计算可以发现,商品 1&2、商品 3&4、商品 3&5 和商品 4&5 相似度较高,如图 3-18 所示。下一步我们可以依据这些商品间的相关度对用户进行商品推荐。

$$\rho_{XY}=\frac{\text{cov}(X,Y)}{\sigma_X\sigma_Y}=\frac{E((X-\mu_X)(Y-\mu_Y))}{\sigma_X\sigma_Y}=\frac{E(XY)-E(X)E(Y)}{\sqrt{E(X^2)-E^2(X)}\sqrt{E(Y^2)-E^2(Y)}}$$

	相似度
用户 1&2	0.999 8
用户 1&3	−0.847 8
用户 1&4	−0.841 8
用户 1&5	−0.915 2
用户 2&3	−0.841 7
用户 2&4	−0.835 3
用户 2&5	−0.910 0
用户 3&4	0.999 0
用户 3&5	0.976 3
用户 4&5	0.969 8

图 3-18　皮尔逊相关系数

5. 为用户提供基于相似物品的推荐

这里我们遇到了和基于用户进行商品推荐相同的问题,当需要对用户 C 基于商品 3 进行推荐时,需要一张新的商品与已有商品间的相似度列表。在前面的相似度计算中,商品 3 与商品 4、5 的相似度较高,因此我们计算并获得了商品 4、5 与其他商品的相似度列表,如图 3-19 所示。

	用户 1	用户 2	用户 3
商品 4	5.4	2.8	4.1
商品 5	5.2	3.1	4.7
商品 A	3.3	4.2	5.2
商品 B	4.1	3.7	3.5
商品 C	4.6	4.0	4.1

图 3-19 商品 4、5 与其他商品的相似度

图 3-20 是通过计算获得的新商品与已有商品间的相似度数据。

	相似度
商品 4&5	0.957 19
商品 4&A	−0.473 47
商品 4&B	0.654 65
商品 4&C	0.933 26
商品 5&A	−0.198 22
商品 5&B	0.407 80
商品 5&C	0.789 32
商品 A&B	−0.975 79
商品 A&C	−0.758 26
商品 B&C	0.882 50

图 3-20 新商品与已有商品间的相似度

6. 加权排序推荐

图 3-21 所示是用户 C 已经购买过的商品 4、5 与新商品 A、B、C 直接的相似程度。我们将用户 C 对商品 4、5 的评分作为权重,对商品 A、B、C 进行加权排序。用户 C 评分较高并且与之相似度较高的商品被优先推荐。

	评 分	商品 A	商品 A*	商品 B	商品 B*	商品 C	商品 C*
商品 4	4.1	−0.473 466	−1.941 209	0.654 654	2.684 08	0.933 256 53	3.826 352
商品 5	4.7	−0.198 223	−0.931 647	0.407 804	1.916 678	0.789 318 04	3.709 795
总 计			−2.872 856		4.600 76		7.536 147
评 分			8.8		8.8		8.8
总计/评分			−0.326 461		0.522 813		0.856 380

图 3-21 对用户 C 基于商品 3 进行推荐

3.3　基于矩阵分解的协同过滤推荐算法

矩阵分解（Matrix Factorization，MF）是推荐系统领域里的一种经典且应用广泛的算法。在基于用户行为的推荐算法里，矩阵分解算法是效果最好的方法之一，曾在推荐比赛中大放异彩，成就了不少冠军队伍。推荐算法发展至今，矩阵分解模型虽然已经比不过各种 CTR 模型和深度 CTR 模型，但是它依然在推荐系统中发挥着重要作用，在召回系统和特征工程中，都可以看到它的成功应用。

前两节讲到的基于用户和基于物品的协同过滤推荐算法都归类为近邻的协同过滤（或称为基于记忆的协同过滤）。矩阵分解可以解决一些近邻模型无法解决的问题，近邻模型的具体问题如下。

① 物品之间存在相关性，信息量并不随着向量维度的增加而线性增加。

② 矩阵元素稀疏，计算结果不稳定。增减一个向量维度，可能导致近邻结果差异很大。

矩阵分解模型可以解决上述近邻模型的两个问题。矩阵分解直观来说，就是把原来的维度很高的用户-物品矩阵，近似地分解为两个小矩阵的乘积。在实际的推荐计算中不再使用大矩阵，而是使用分解得到的两个小矩阵。最基础的矩阵分解算法称为 SVD 算法，SVD 算法和矩阵分解不能完全画等号，除了 SVD 算法还有一些别的矩阵分解算法。本节将 SVD 算法和 ALS 算法（也称 SVD＋＋）分别作为显式矩阵分解和隐式矩阵分解的两个典型算法进行详细介绍。

3.3.1　显式数据和隐式数据

矩阵分解用到的用户行为数据分为显式数据和隐式数据两种。显式数据是指用户对 item 的显式打分，比如用户对电影、商品的评分，通常有 5 分制和 10 分制。隐式数据是指用户对 item 的浏览、点击、购买、收藏、点赞、评论、分享等数据，其特点是用户没有显式地给 item 打分，用户对 item 的感兴趣程度都体现在他对 item 的浏览、点击、购买、收藏、点赞、评论、分享等行为的强度上。

显式数据的优点是行为的置信度高，因为是用户明确给出的打分，所以真实地反映了用户对 item 的喜欢程度。缺点是这种数据的量太小，因为绝大部分用户都不会去给 item 评分，这就导致数据非常稀疏，同时这部分评分也仅代表了小部分用户的兴趣，可能会导致数据有偏。隐式数据的优点是容易获取，数据量很大。因为几乎所有用户都会有浏览、点击等行为，所以数据量大，几乎覆盖所有用户，不会导致数据有偏。其缺点是置信度不如显式数据高，比如浏览不一定代表感兴趣，还要看强度，经常浏览同一类东西才能以较高置信度认为用户感兴趣。

根据所使用的数据是显式数据还是隐式数据，矩阵分解算法又分为两种。使用显式数据的矩阵分解算法称为显式矩阵分解算法，使用隐式数据的矩阵分解算法称为隐式矩阵分解算法。由于矩阵分解算法有众多的改进版本和各种变体，这里不再一一列举，因此本书将以实践中用得最多的矩阵分解算法为例，介绍其具体的数据原理，这也是 Spark 机器学习库 Mllib 中实现的矩阵分解算法。从实际应用的效果来看，隐式矩阵分解的效果一般会更好。

3.3.2 显式矩阵分解

矩阵分解算法的输入是 user 对 item 的评分矩阵(图 3-22 等号左边的矩阵),输出是 user 矩阵和 item 矩阵(图 3-22 等号右边的矩阵),其中 user 矩阵的每一行都代表一个用户向量,item矩阵的每一列都代表一个 item 的向量。user 对 item 的预测评分用它们的向量内积来表示,通过最小化预测评分和实际评分的差异来学习 user 矩阵和 item 矩阵。

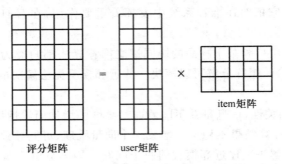

评分矩阵　　　　　　user矩阵　　　　　　item矩阵

图 3-22　矩阵分解算法的示意图

1. 目标函数

为了用数学的语言定量表示上述思想,我们先引入一些符号。设 r_{ui} 表示用户 u 对 item i 的显式评分,当 $r_{ui} > 0$ 时,表示用户 u 对 item i 有评分;当 $r_{ui} = 0$ 时,表示用户 u 对 item i 没有评分。$\boldsymbol{x}_u$ 表示用户 u 的向量,$\boldsymbol{y}_i$ 表示 item i 的向量,则显式矩阵分解的目标函数(损失函数)为

$$\min_{\boldsymbol{X},\boldsymbol{Y}} \sum_{r_{ui} \neq 0} (r_{ui} - \boldsymbol{x}_u^{\mathrm{T}} \boldsymbol{y}_i)^2 + \lambda \left(\sum_u \|\boldsymbol{x}_u\|_2^2 + \sum_i \|\boldsymbol{y}_i\|_2^2 \right)$$

其中 $\boldsymbol{x}_u$ 和 $\boldsymbol{y}_i$ 都是 k 维的列向量,k 为隐变量的个数,$\boldsymbol{X} = [\boldsymbol{x}_1, \boldsymbol{x}_2, \cdots, \boldsymbol{x}_N]$ 是所有 $\boldsymbol{x}_u$ 构成的矩阵,$\boldsymbol{Y} = [\boldsymbol{y}_1, \boldsymbol{y}_2, \cdots, \boldsymbol{y}_M]$ 为所有 $\boldsymbol{y}_i$ 构成的矩阵,N 为用户数,M 为 item 数,λ 为正则化参数。

在上述公式中,$\boldsymbol{x}_u^{\mathrm{T}} \boldsymbol{y}_i$ 为用户向量与物品向量的内积,表示用户 u 对物品 i 的预测评分,目标函数通过最小化预测评分和实际评分 r_{ui} 之间的残差平方和,来学习所有用户向量和物品向量。这里的残差项只包含有评分的数据,不包括没有评分的数据。目标函数中第二项是 L2 正则项,用于保证数值计算稳定性和防止过拟合。

2. 求解方法

求解 $\boldsymbol{X}$ 和 $\boldsymbol{Y}$ 采用的是交替最小二乘(Alternative Least Square,ALS)法,也就是先固定 $\boldsymbol{X}$ 优化 $\boldsymbol{Y}$,然后固定 $\boldsymbol{Y}$ 优化 $\boldsymbol{X}$,这个过程不断重复,直到 $\boldsymbol{X}$ 和 $\boldsymbol{Y}$ 收敛为止。每次固定其中一个优化另一个都需要解一个最小二乘问题,所以这个算法叫作交替最小二乘法。

(1) $\boldsymbol{Y}$ 固定为上一步迭代值或初始化值,优化 $\boldsymbol{X}$

此时,$\boldsymbol{Y}$ 被当作常数处理,目标函数被分解为多个独立的子目标函数,每个子目标函数都对应一个用户。对于用户 u,目标函数为

$$\min_{\boldsymbol{x}_u} \sum_{r_{ui} \neq 0} (r_{ui} - \boldsymbol{x}_u^{\mathrm{T}} \boldsymbol{y}_i)^2 + \lambda \|\boldsymbol{x}_u\|_2^2$$

这里面残差项求和的个数等于用户 u 评过分的物品的个数,记为 m 个。把这个目标函数转换为矩阵形式,得

$$J(\boldsymbol{x}_u) = (\boldsymbol{R}_u - \boldsymbol{Y}_u^{\mathrm{T}} \boldsymbol{x}_u)^{\mathrm{T}} (\boldsymbol{R}_u - \boldsymbol{Y}_u^{\mathrm{T}} \boldsymbol{x}_u) + \lambda \boldsymbol{x}_u^{\mathrm{T}} \boldsymbol{x}_u$$

其中，$\boldsymbol{R}_u=[r_{u_{i_1}},\cdots,r_{u_{i_m}}]^{\mathrm{T}}$ 表示用户 u 对这 m 个物品的评分构成的向量，$\boldsymbol{Y}_u=[y_{i_1},y_{i_2},\cdots,y_{i_m}]$ 表示这 m 个物品的向量构成的矩阵，顺序跟 $\boldsymbol{R}_u$ 中物品的顺序一致。

对目标函数 J 关于 $\boldsymbol{x}_u$ 求梯度，并令梯度为零，得

$$\frac{\partial J(\boldsymbol{x}_u)}{\partial \boldsymbol{x}_u}=-2\boldsymbol{Y}_u(\boldsymbol{R}_u-\boldsymbol{Y}_u^{\mathrm{T}}\boldsymbol{x}_u)+2\lambda\boldsymbol{x}_u=0$$

解这个线性方程组，可得到 $\boldsymbol{x}_u$ 的解析解，为 $\boldsymbol{x}_u=(\boldsymbol{Y}_u\boldsymbol{Y}_u^{\mathrm{T}}+\lambda\boldsymbol{I})^{-1}\boldsymbol{Y}_u\boldsymbol{R}_u$。

（2）$\boldsymbol{X}$ 固定为上一步迭代值或初始化值，优化 $\boldsymbol{Y}$

此时，$\boldsymbol{X}$ 被当作常数处理，目标函数也被分解为多个独立的子目标函数，每个子目标函数都对应一个物品。类似上面的推导，我们可以得到 $\boldsymbol{y}_i$ 的解析解为

$$\boldsymbol{y}_i=(\boldsymbol{X}_i\boldsymbol{X}_i^{\mathrm{T}}+\lambda\boldsymbol{I})^{-1}\boldsymbol{X}_i\boldsymbol{R}_i$$

其中，$\boldsymbol{R}_i=[r_{u_1 i},r_{u_2 i},\cdots,r_{u_n i}]^{\mathrm{T}}$ 表示 n 个用户对物品 i 的评分构成的向量，$\boldsymbol{X}_i=[x_{u_1 i},x_{u_2 i},\cdots,x_{u_n i}]^{\mathrm{T}}$ 表示这 n 个用户的向量构成的矩阵，顺序跟 $\boldsymbol{R}_i$ 中用户的顺序一致。

3. 工程实现

当固定 $\boldsymbol{Y}$ 时，各个 $\boldsymbol{x}_u$ 的计算是独立的，因此可以对 $\boldsymbol{x}_u$ 进行分布式并行计算。同理，当固定 $\boldsymbol{X}$ 时，各个 $\boldsymbol{y}_i$ 的计算也是独立的，因此也可以对 $\boldsymbol{y}_i$ 做分布式并行计算。因为 $\boldsymbol{X}_i$ 和 $\boldsymbol{Y}_u$ 中只包含有评分的用户或物品，而非全部用户或物品，因此 $\boldsymbol{x}_u$ 和 $\boldsymbol{y}_i$ 的计算时间复杂度为 $O(k^2 nu+k^3)$，其中 nu 是有评分的用户数或物品数，k 为隐变量个数。

3.3.3　隐式矩阵分解

隐式矩阵分解与显式矩阵分解的一个比较大的区别，就是它会去拟合评分矩阵中的零，即没有评分的地方也要拟合。

1. 目标函数

我们仍然用 r_{ui} 表示用户 u 对物品 i 的评分，但这里的评分表示的是行为的强度，比如浏览次数、阅读时长、播放完整度等。当 $r_{ui}>0$ 时，表示用户 u 对物品 i 有过行为；当 $r_{ui}=0$ 时，表示用户 u 对物品 i 没有过行为。首先，我们定义一个二值变量 p_{ui}，如下：

$$p_{ui}=\begin{cases}1,&r_{ui}>0\\0,&r_{ui}=0\end{cases}$$

p_{ui} 是一个依赖于 r_{ui} 的量，用于表示用户 u 对物品 i 是否感兴趣，也称为用户偏好。当用户 u 对物品 i 有过行为时，我们认为用户 u 对物品 i 感兴趣，此时 $p_{ui}=1$；当用户 u 对物品 i 没有过行为时，我们认为用户 u 对物品 i 不感兴趣，此时 $p_{ui}=0$。

模型除了要刻画用户对物品是否感兴趣外，而且还要刻画感兴趣或不感兴趣的程度，所以这里的隐式矩阵分解还引入了置信度的概念。从直观上来说，当 $r_{ui}>0$ 时，r_{ui} 越大，我们越确信用户 u 喜欢物品 i；而当 $r_{ui}=0$ 时，我们不能确定用户 u 是否喜欢物品 i，没有行为可能只是因为用户 u 并不知道物品 i 的存在。

因此，置信度是 r_{ui} 的函数，并且当 $r_{ui}>0$ 时，置信度是 r_{ui} 的增函数；当 $r_{ui}=0$ 时，置信度的取值要小。给出的置信度 c_{ui} 的表达式为 $c_{ui}=1+\alpha r_{ui}$。

当 $r_{ui}>0$ 时，c_{ui} 关于 r_{ui} 线性递增，表示对于有评分的物品，行为强度越大，我们越相信用户 u 对物品 i 感兴趣；当 $r_{ui}=0$ 时，置信度恒等于 1，表示对所有没有评分的物品，用户不感兴

趣的置信度都一样,并且比有评分物品的置信度低。用 $\boldsymbol{x}_u$ 表示用户 u 的向量,$\boldsymbol{y}_i$ 表示 item i 的向量,引入置信度以后,隐式矩阵分解的目标函数为

$$\min_{\boldsymbol{X},\boldsymbol{Y}} \sum_{u=1}^{N} \sum_{i=1}^{M} c_{ui}(p_{ui} - \boldsymbol{x}_u^{\mathrm{T}} \boldsymbol{y}_i)^2 + \lambda \left(\sum_{u=1}^{N} \|\boldsymbol{x}_u\|_2^2 + \sum_{i=1}^{M} \|\boldsymbol{y}_i\|_2^2 \right)$$

其中 $\boldsymbol{x}_u$ 和 $\boldsymbol{y}_i$ 都是 k 维的列向量,k 为隐变量的个数,$\boldsymbol{X} = [\boldsymbol{x}_1, \boldsymbol{x}_2, \cdots, \boldsymbol{x}_N]$ 是所有 $\boldsymbol{x}_u$ 构成的矩阵,$\boldsymbol{Y} = [\boldsymbol{y}_1, \boldsymbol{y}_2, \cdots, \boldsymbol{y}_M]$ 为所有 $\boldsymbol{y}_i$ 构成的矩阵,N 为用户数,M 为 item 数,λ 为正则化参数。目标函数里的内积用于表示用户对物品的预测偏好,拟合实际偏好 p_{ui},拟合强度由 c_{ui} 控制,并且对于 $p_{ui}=0$ 的项也要拟合。目标函数中的第二项是正则项,用于保证数值计算稳定性以及防止过拟合。

2. 求解方法

目标函数的求解仍然可以采用交替最小二乘法。具体如下。

(1)$\boldsymbol{Y}$ 固定为上一步迭代值或初始化值,优化 $\boldsymbol{X}$

此时,$\boldsymbol{Y}$ 被当作常数处理,目标函数被分解为多个独立的子目标函数,每个子目标函数都是某个 $\boldsymbol{x}_u$ 的函数。对于用户 u,目标函数为

$$\min_{\boldsymbol{x}_u} \sum_{i=1}^{M} c_{ui}(p_{ui} - \boldsymbol{x}_u^{\mathrm{T}} \boldsymbol{y}_i)^2 + \lambda \|\boldsymbol{x}_u\|_2^2$$

把这个目标函数转换为矩阵形式,得

$$J(\boldsymbol{x}_u) = (\boldsymbol{P}_u - \boldsymbol{Y}^{\mathrm{T}} \boldsymbol{x}_u)^{\mathrm{T}} \boldsymbol{\Lambda}_u (\boldsymbol{P}_u - \boldsymbol{Y}^{\mathrm{T}} \boldsymbol{x}_u) + \lambda \boldsymbol{x}_u^{\mathrm{T}} \boldsymbol{x}_u$$

其中,$\boldsymbol{P}_u = [p_{u1}, p_{u2}, \cdots, p_{uM}]^{\mathrm{T}}$ 为用户 u 对每个物品的偏好构成的列向量,$\boldsymbol{Y} = [\boldsymbol{y}_1, \boldsymbol{y}_2, \cdots, \boldsymbol{y}_M]$ 表示所有物品向量构成的矩阵,$\boldsymbol{\Lambda}_u$ 为用户 u 对所有物品的置信度 c_{ui} 构成的对角阵,即

$$\boldsymbol{\Lambda}_u = \begin{pmatrix} c_{u1} & & \\ & \ddots & \\ & & c_{uM} \end{pmatrix}$$

对目标函数 J 关于 $\boldsymbol{x}_u$ 求梯度,并令梯度为零,得

$$\frac{\partial J(\boldsymbol{x}_u)}{\partial \boldsymbol{x}_u} = -2\boldsymbol{Y}\boldsymbol{\Lambda}_u(\boldsymbol{P}_u - \boldsymbol{Y}^{\mathrm{T}} \boldsymbol{x}_u) + 2\lambda \boldsymbol{x}_u = 0$$

解这个线性方程组,可得到 $\boldsymbol{x}_u$ 的解析解为

$$\boldsymbol{x}_u = (\boldsymbol{Y}\boldsymbol{\Lambda}_u\boldsymbol{Y}^{\mathrm{T}} + \lambda \boldsymbol{I})^{-1} \boldsymbol{Y}\boldsymbol{\Lambda}_u \boldsymbol{P}_u$$

(2)$\boldsymbol{X}$ 固定为上一步迭代值或初始化值,优化 $\boldsymbol{Y}$

此时,$\boldsymbol{X}$ 被当作常数处理,目标函数也被分解为多个独立的子目标函数,每个子目标函数都是关于某个 $\boldsymbol{y}_i$ 的函数。通过同样的推导方法,可以得到 $\boldsymbol{y}_i$ 的解析解为

$$\boldsymbol{y}_i = (\boldsymbol{X}\boldsymbol{\Lambda}_i\boldsymbol{X}^{\mathrm{T}} + \lambda \boldsymbol{I})^{-1} \boldsymbol{X}\boldsymbol{\Lambda}_i \boldsymbol{P}_i$$

其中,$\boldsymbol{P}_i = [p_{1i}, p_{2i}, \cdots, p_{Ni}]^{\mathrm{T}}$ 为所有用户对物品 i 的偏好构成的向量,$\boldsymbol{X} = [\boldsymbol{x}_1, \boldsymbol{x}_2, \cdots, \boldsymbol{x}_N]$ 表示所有用户的向量构成的矩阵,$\boldsymbol{\Lambda}_i$ 为所有用户对物品 i 的偏好的置信度构成的对角矩阵,即 $\boldsymbol{\Lambda}_i = \mathrm{diag}\{c_{1i}, c_{2i}, \cdots, c_{Ni}\}$。

3. 工程实现

由于固定 $\boldsymbol{Y}$ 时,各个 $\boldsymbol{x}_u$ 的求解都是独立的,所以在固定 $\boldsymbol{Y}$ 时可以并行计算各个 $\boldsymbol{x}_u$,同理,在固定 $\boldsymbol{X}$ 时可以并行计算各个 $\boldsymbol{y}_i$。

在计算 $\boldsymbol{x}_u$ 和 $\boldsymbol{y}_i$ 时,如果直接用上述解析解的表达式来计算,复杂度将会很高。以 $\boldsymbol{x}_u$ 的

表达式来说，$Y\Lambda_u Y^\mathrm{T}$ 这一项就涉及所有物品的向量，少则几十万，多则上千万，而且每个用户的都不一样，每个用户都算一遍时间上不可行。所以，这里要先对 x_u 的表达式进行化简，降低复杂度。

要注意 Λ_i 的特殊性，它是由置信度构成的对角阵，对于一个用户来说，由于大部分物品都没有评分，因此 Λ_i 对角线中大部分元素都是 1，利用这个特点，我们可以把 Λ_i 拆成两部分的和，即 $\Lambda_i = (\Lambda_i - I) + I$。其中 I 为单位矩阵，$\Lambda_i - I$ 为对角矩阵，并且对角线上大部分元素为 0，于是，可以重写为如下形式：

$$Y\Lambda_u Y^\mathrm{T} = YY^\mathrm{T} + Y(\Lambda_u - I)Y^\mathrm{T}$$

分解成这两项之后，第一项 YY^T 对每个用户都是一样的，只需要计算一次，存起来，后面可以重复利用；对于第二项，由于 $\Lambda_u - I$ 为对角线大部分是 0 的对角阵，所以计算 $Y(\Lambda_u - I)Y^\mathrm{T}$ 的复杂度是 $O(k^2 nu)$。其中 nu 是 $\Lambda_u - I$ 中非零元的个数，也就是用户 u 评过分的物品数，通常不会很多，所以整个 $Y\Lambda_u Y^\mathrm{T}$ 的计算复杂度由 $O(k^2 M)$ 降为 $O(k^2 nu)$。由于 $M \gg nu$，所以计算速度大大加快。对于 x_u 表达式的 $Y\Lambda_u P_u$ 这一项，则应先计算后两项，如 $Y(\Lambda_u P_u)$ 这样计算，利用 P_u 中大部分元素是 0 的特点，将计算复杂度由 $O(kM)$ 降低到 $O(knu)$。通过使用上述数学技巧，整个 x_u 的计算复杂度可以降低到 $O(k^2 nu + k^3)$，其中 nu 是有评分的用户数或物品数，k 为隐变量个数，完全满足在线计算的需求。

3.3.4　增量矩阵分解算法

无论是显式矩阵分解，还是隐式矩阵分解，我们在模型训练完以后，就会得到训练集里每个用户的向量和每个物品的向量。假设现在有一个用户，在训练集里没出现过，但是我们有他的历史行为数据，那这个用户的向量该怎么计算呢？当然，最简单的方法就是把这个用户的行为数据合并到旧的训练集里，重新做一次矩阵分解，进而得到这个用户的向量，但是这样做计算代价太大了，在时间上不可行。

为了解决训练数据集以外的用户（我们称为新用户）的推荐问题，我们就需要用到增量矩阵分解算法。增量矩阵分解算法能根据用户历史行为数据，在不重算所有用户向量的前提下，快速计算出新用户向量。

在交替最小二乘法里，当固定 Y 计算 x_u 时，我们只需要用到用户 u 的历史行为数据 r_{ui} 以及 Y 的当前值，不同用户之间 x_u 的计算是相互独立的。这就启发我们，对于训练集以外的用户，我们同样可以用他的历史行为数据以及训练集上收敛时学到的 Y，来计算新用户的用户向量。图 3-23 表示了这一过程。

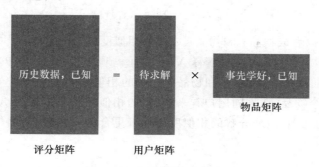

图 3-23　矩阵分解基本过程

设用户历史行为数据为 $P_u = \{P_{ui}\}$，训练集上学到的物品矩阵为 Y，要求解的用户向量为 x_u，则增量矩阵分解算法求解的目标函数为

$$\min_{x_u} \sum_{i=1}^{M} c_{ui} (p_{ui} - x_u^{\mathrm{T}} y_i)^2 + \lambda \| x_u \|_2^2$$

这个目标函数跟 3.3.3 节中固定 Y 时求解 x_u 的目标函数是一样的，但有两个不同点：

① 这里的 Y 是不需要迭代的，它是矩阵分解在训练集上收敛时得到的 Y；

② 用户的历史行为数据 P_u 要过滤掉在 Y 中没出现过的物品，由于 Y 是固定的，我们不需要迭代，可直接通过 x_u 的解析表达式求解 x_u，即

$$x_u = (Y \Lambda_u Y^{\mathrm{T}} + \lambda I)^{-1} Y \Lambda_u P_u$$

式中的所有符号的含义和上一节相同。

事实上，增量矩阵分解的目标函数中的 Y 也不一定要是矩阵分解在训练集上学出来的，只要 Y 中的每个向量都能表示对应物品的特征就行，也就是说，Y 可以是由其他数据和其他算法事先学出来的。

3.3.5 推荐结果的可解释性

好的推荐算法不仅要推得准确，而且还要有良好的可解释性，也就是根据什么给用户推荐了这个物品。传统的 ItemCF 推荐算法就有很好的可解释性，因为在 ItemCF 中，用户 u 对物品 i 的预测评分 $R(u,i)$ 的计算公式为

$$R(u,i) = \sum_{j \in N(u)} r_{uj} s_{ji}$$

其中 $N(u)$ 表示用户 u 有过行为的物品集合，r_{uj} 表示用户 u 对物品 j 的历史评分，s_{ji} 表示物品 j 和物品 i 的相似度。在这个公式中，$N(u)$ 中的物品 j 对 $R(u,i)$ 的贡献为 $r_{uj} s_{ji}$，因此可以很好地解释物品 i 具体是由 $N(u)$ 中哪个物品推荐而来的。那对于矩阵分解算法来说，是否也能给出类似的可解释性呢？答案是肯定的。

以隐式矩阵分解为例，我们已经推导出，已知物品的矩阵 Y 时，用户 u 的向量的计算表达式为

$$x_u = (Y \Lambda_u Y^{\mathrm{T}} + \lambda I)^{-1} Y \Lambda_u P_u$$

假设物品 i 的向量为 y_i，那么用户 u 对物品 i 的预测评分为

$$\hat{r}_{ui} = y_i^{\mathrm{T}} x_u = y_i^{\mathrm{T}} (Y \Lambda_u Y^{\mathrm{T}} + \lambda I)^{-1} Y \Lambda_u P_u$$

令 $W_u = (Y \Lambda_u Y^{\mathrm{T}} + \lambda I)^{-1}$，并把 $Y \Lambda_u P_u$ 展开来写，则 $\hat{r}_{ui}$ 的表达式可以写成

$$\hat{r}_{ui} = y_i^{\mathrm{T}} W_u \sum_{j \in N(u)} c_{uj} y_j = \sum_{j \in N(u)} c_{uj} (y_i^{\mathrm{T}} W_u y_j) = \sum_{j \in N(u)} c_{uj} s_{ji}$$

其中，$s_{ji} = y_i^{\mathrm{T}} W_u y_j$ 可以看成物品 j 和物品 i 之间的相似度，$c_{uj} = 1 + \alpha r_{uj}$ 可以看成用户 u 对用户 j 的评分，这样就能像 ItemCF 那样去解释 $N(u)$ 中每一项对推荐物品 i 的贡献了。从 s_{ji} 的计算表达式中，我们还可以看出，物品 j 和物品 i 之间的相似度 s_{ji} 是跟用户 u 有关系的，也就是说，即使是相同的两个物品，在不同用户看来，它们的相似度是不一样的，这跟 ItemCF 的固定相似度有着本质上的区别，矩阵分解的相似度看起来更合理一些。

第4章 基于深度学习的推荐算法

4.1 深度学习的定义

2016 年 Google 在 *Nature* 杂志上公开发表论文,宣布其基于深度学习技术的计算机程序 AlphaGo 在 2015 年 10 月与人类的围棋对弈中,连续五局击败欧洲冠军、职业二段樊辉,这是 AI 击败人类智慧的一个新的里程碑。深度学习并不是一个新概念,其历史几乎和人工智能的历史一样长。在过去的数十年里,由于深度学习及相关的人工神经网络技术数量不足、计算能力不足等多种原因,深度学习没有发挥出其效果。2000 年以后,随着计算机技术的发展,计算机性能大幅提高,互联网的发展提供了海量的数据,这些都为深度学习的进一步发展提供了良好的基础。

深度学习的基础就是神经网络,深度学习系统的主流网络结构有 DCC、CNN、RNN 等,它们都是在神经网络的基础上发展衍生出来的。神经网络的发展主要经历了 3 个阶段:单层神经网络、两层神经网络、深度神经网络。

2016 年以来,深度学习全面爆发,Google 推出的 AlphaGo 和 AlphaZero 经过短暂的学习就完全碾压当今世界排名前三的围棋选手;科大讯飞推出的智能语音系统识别正确率高达 97% 以上,该公司也摇身一变成为 AI 的领跑者;百度推出的无人驾驶系统 Apollo 也顺利上路完成公测,使得共享汽车离我们越来越近。AI 领域取得的种种成就让人类再次认识到神经网络的价值和魅力。

目前,深度学习技术已经在许多方面渗透到日常生活当中,比如电子商务网站上的推荐系统、搜索引擎等。此外,它越来越多地被应用到智能手机、照相机等消费类产品中,例如,识别图像中的物体,把语音转换成文本,对新闻和商品进行个性化推荐并生成相关的搜索结果,等等。这些应用的成功大部分得益于近年来深度学习的发展。与传统的机器学习和模式识别技术相比,深度学习在数据表示方面有很大贡献。在过去,构建模式识别或者机器学习系统需要通过精心的工程规划和专业的领域知识来设计特征,将原始数据转换成合适的特征表示,输入机器学习系统中。而今,深度学习允许通过多个处理层来学习具有抽象能力的数据表示,所以深度学习拥有更强大的学习能力。神经网络的钻研与利用之所以能够不断地蓬勃发展,与其强大的函数拟合能力是密不可分的。固然,仅有强大的内在能力并不一定能取得胜利。一个胜利的技术与策略不但需要内因的作用,还需要时势与环境的配合。神经网络发展背后的外在条件可以被总结为:更强的计算能力、更多的数据,以及更好的训练策略。只有满足这些前提时,神经网络的函数拟合能力才能得以体现。这些外在条件的进步极大地推进了许多现有领域的发展,比如语音识别、视觉分类、物体检测以及药物发现等。深度学习的灵感来源于脑科学和生物科学,其通过反向传播算法来发现大型数据中的复杂结构并更新模型内部参数。目前,深度卷积网络在处理图像、视频、语音等方面都取得了突破。此外,循环神经网络对时序数据(比如文本和语音)的处理也取得了显著效果。

4.2　基于深度学习的推荐

深度学习的爆发使得人工智能进一步发展,阿里巴巴、腾讯、百度先后建立了自己的 AI 实验室。深度学习在图像、语言处理上有得天独厚的优势,并且已经得到了业界的认可和验证。推荐系统从基于内容的推荐发展到协同过滤的推荐,协同过滤的推荐在整个推荐算法领域多年来独领风骚,从基本的基于用户的协同过滤、基于 item 的协同过滤到基于 model 的协同过滤,众多算法不断发展和延伸。近年来,对推荐系统领域的深度学习的研究也越来越多。深度学习对于推荐系统在以下几个方面起到了不可替代的作用:

① 能够直接从内容中提取特征,表征能力强;

② 容易对噪声数据进行处理,抗噪能力强;

③ 可以使用循环神经网络对动态或者序列数据进行建模;

④ 可以更加准确地学习 user 和 item 的特征。

从国外推荐系统论文的发表情况上看,深度学习已经深入扩展到推荐系统领域。我们对深度学习在推荐系统应用中的主要方法进行了系统整理。下面介绍几种基于深度学习的推荐算法。

4.2.1　DNN 算法

推荐系统和类似的通用搜索排序问题共有的一大挑战为同时具备记忆能力与泛化能力。记忆能力可以解释为学习那些经常同时出现的特征,发掘历史数据中存在的共现性。泛化能力则基于迁移相关性,探索之前几乎没有出现过的新特征组合。基于记忆能力的推荐系统通常偏向学习历史数据的样本,直接与用户已经采取的动作相关;泛化能力相比记忆能力则更趋向于提升推荐内容的多样性。

在工业界大规模线上推荐和排序系统中,广义线性模型(如逻辑回归)得到了广泛应用,因为它们简单、可扩展、可解释。这些模型一般在二值稀疏特征上进行训练,这些特征一般采用独热编码。举个例子,如果用户安装了腾讯视频,则二值特征 user_installed_app = TencentVideo 的值为 1。模型的记忆能力可以有效地通过稀疏特征(Sparse Feature)之上的外积变换获得,类似地,如果用户安装了腾讯视频,随后又展示了 QQ 音乐,那么 AND(user_installed_app = TencentVideo, impression_app = QQMusic)的值为 1。这解释了同时发生的一对特征是如何与对应标签关联的。进一步,我们可以通过使用小颗粒特征提高泛化能力,例如 AND(user_installed_category = video, impression_category = music),但这些特征常常需要人工来选择。外积变换有一个限制,它对于不在训练数据中的查询项不具备泛化能力。

此外,基于嵌入的模型对以前没有出现过的查询项特征对也具备泛化能力,通过为每个查询和条目特征学习一个低维稠密的嵌入向量,减轻了特征工程负担。但它很难有效学习低维表示,当 query-item 矩阵稀疏且高秩时,例如用户有特殊偏好,或者只有极少量需求的条目,在这种情况下,大多数 query-item 是没有交集的,但稠密嵌入(Dense Embedding)会给所有 query-item 带来非零预测,从而可能过度泛化,给出完全不相关的推荐。而使用外积特征变换的线性模型只需少量参数就能记住这些"特殊偏好"。

所以自然而然地可以想到,可以通过联合训练一个线性模型组件和一个深度神经网络组件得到 Wide&Deep 模型(如图 4-1 所示),这样用一个模型就可以同时获得记忆能力和泛化能力。

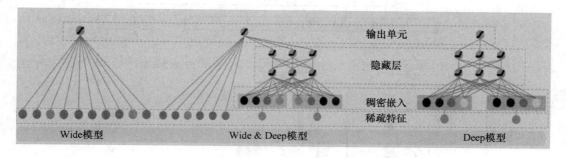

图 4-1　Wide&Deep 模型

YouTube 团队在推荐系统上进行了 DNN 方面的尝试,成果发表在 2016 年 9 月的 Rec-Sys 会议上,目前已经被百度、阿里巴巴、腾讯等各大互联网公司引入推荐系统中。一般来说,整个推荐系统分为召回(matching 或 candidate generation)和排序(ranking)两个阶段。召回阶段通过 i2i/u2i/u2u/user profile 等方式"粗糙"地召回候选物品,召回阶段视频的数量是百万级别;排序阶段对召回后的视频采用更精细的特征计算 user-item 之间的排序得分,作为最终输出推荐结果的依据。

第一部分:召回阶段

我们把推荐问题建模成一个"超大规模多分类"问题,即在时刻 t,为用户 U(上下文信息 C)在视频库 V 中精准地预测出视频 i 的类别(每个具体的视频都视为一个类别,i 即一个类别),用数学公式表示如下:

$$p(w_t = i \mid U, C) = \frac{e^{v_{i,u}}}{\sum_{j \in v} e^{v_{i,u}}} \tag{4-1}$$

很显然式(4-1)为一个 softmax 多分类器的形式。向量 $\boldsymbol{u} \in \mathbf{R}^N$ 是＜user,context＞信息的高维"embedding",而向量 $v_j \in \mathbf{R}^N$ 则是视频 j 的 embedding 向量。所以 DNN 的目标就是在用户信息和上下文信息为输入条件下时学习用户的 embedding 向量 $\boldsymbol{u}$。用公式表达 DNN 就是拟合函数 u＝f_DNN(user_info, context_info)。

在这种超大规模分类问题上,至少要有几百万个类别,实际训练采用的是负采样(negative sample),或者采用前面我们介绍 Word2Vec 方法时提到的 SkipGram 方法。

整个模型架构是包含 3 个隐藏层的 DNN 结构。输入是用户浏览历史、搜索历史、人口统计学信息和其余上下文信息组合成的输入向量;输出分线上和离线训练两个部分。离线训练阶段输出层为 softmax 层,输出式(4-1)表达的概率。而线上则直接利用 user 向量查询相关商品,最重要的问题在性能方面。我们利用类似局部敏感哈希的算法为用户提供最相关的 N 个视频。召回模型结构如图 4-2 所示。

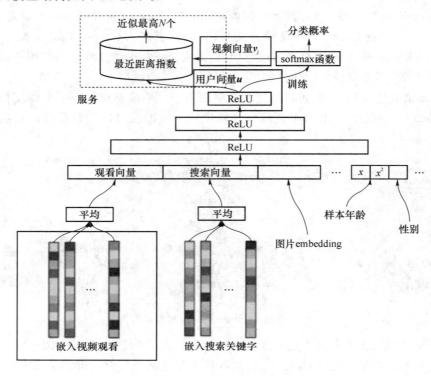

图 4-2　召回模型结构

类似于 Word2Vec 的做法，每个视频都会被 embedding 到固定维度的向量中。用户的观看视频历史则是通过变长的视频序列表达的，最终通过加权平均（可根据重要性和时间进行加权）得到固定维度的 watch vector 并作为 DNN 的输入。

除历史观看视频外，还包括以下特征。

- 历史搜索 query。把历史搜索的 query 分词后的 token 的 embedding 向量进行加权平均，能够反映用户的整体搜索历史状态。
- 人口统计学信息。性别、年龄、地域等。
- 其他上下文信息。设备、登录状态等。

在有监督学习问题中，最重要的选择是 label（目标变量），因为 label 决定了模型的训练目标，而模型和特征都是为了逼近 label。YouTube 也提到了如下设计。

- 使用更广的数据源。不仅使用推荐场景的数据进行训练，其他场景比如搜索等的数据也要用到，这样能为推荐场景提供一些探索功能。
- 为每个用户生成固定数量的训练样本。我们在实际中发现一个训练技巧，如果为每个用户固定样本数量上限，平等地对待每个用户，避免 loss 被少数活跃用户代表，能明显地提升线上效果。
- 抛弃序列信息。对过去观看视频/历史搜索 query 的 embedding 向量进行加权平均。
- 不对称的共同浏览（asymmetric cowatch）问题。所谓 asymmetric cowatch 指的是用户在浏览视频的时候，往往都是序列式的，开始看一些比较流行的，逐渐找到细分的视频。

第二部分：排序阶段

排序阶段最重要的任务就是精准地预估用户对视频的喜好程度。不同于召回阶段面临的是百万级的候选视频集，排序阶段面对的只是百级别的视频集，因此我们可以使用更多更精细的特征来刻画视频（item）以及用户与视频（user-item）的关系。比如，用户可能很喜欢某个视频，但如果列表页的"缩略图"选择不当，用户也许因此不会点击，等等。此外，召回阶段的来源往往很多，没法直接相互比较，排序阶段另一个关键的作用是能够把不同来源的数据进行有效的比较。

在目标的设定方面，单纯 CTR 指标是有迷惑性的，有些靠关键词吸引用户高点击率的视频未必能够被播放。因此设定的目标基本与期望的观看时长相关，具体的目标调整则根据线上的 A/B 进行。

排序阶段的模型和召回阶段的基本相似，不同的是模型最后一层是一个 weighted LR 层，而线上服务阶段激励函数用的是 e^x。排序模型结构如图 4-3 所示。

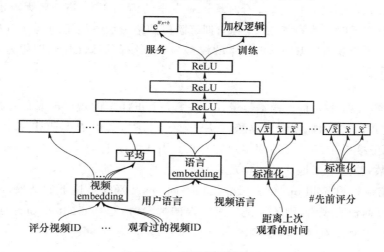

图 4-3　排序模型结构

尽管深度学习在图像、语音和 NLP 等场景都能实现 end-to-end 的训练，取消了人工特征工程工作，然而在搜索和推荐场景中，我们很难把原始数据直接作为 FNN 的输入，特征工程仍然很重要。特征工程中最难的是如何建模用户时序行为（temporal sequence of user action），并且将这些行为和要排序的 item 相关联。

YouTube 发现最重要的特征是描述用户与商品本身或相似商品之间交互的特征，这与 Facebook 在 2014 年提出 LR＋GBDT 模型的论文（"Practical Lessons from Predicting Clicks on Ads at Facebook"）中得到的结论是一致的。比如，我们要度量用户对视频的喜欢程度，可以考虑用户与视频所在频道间的关系。

数量特征包括浏览该频道的次数和时间特征（比如最近一次浏览该频道距离现在的时间）。这两个连续特征的最大好处是具备非常强的泛化能力。另外除了这两个偏正向的特征，用户对于视频所在频道的一些 PV 但不点击的行为（即负反馈 Signal）同样非常重要。

另外，我们还发现，把召回阶段的信息（比如推荐来源和所在来源的分数）传播到排序阶段同样能取得很好的提升效果。

DNN 更适合处理连续特征，因此稀疏的特别是高基数空间的离散特征需要 embedding

到稠密的向量中。每个维度(比如 query/user_id)都有独立的 embedding 空间,一般来说,空间的维度基本与 log(去重后值的数量)相当。实际并非为所有的 id 都进行 embedding,比如视频 id,只需要按照点击排序,选择 top-N 视频进行 embedding,其余置为 0 向量即可。而对于像"过去点击的视频"这种 multivalent 特征,与 matching 阶段的处理相同,进行加权平均即可。同时,同维度不同特征采用的相同 ID 的 embedding 是共享的(比如"过去浏览的视频 id""seed 视频 id"),这样可以大大地加速训练过程,但显然输入层仍要分别填充。

众所周知,DNN 对输入特征的尺度和分布都是非常敏感的,实际上,基本上除了 Tree-Based 的模型(比如 GBDT/RF)外,机器学习的大多算法都如此。我们发现归一化方法对收敛很关键,推荐一种排序分位归一到 $[0,1]$ 区间的方法,即 $\bar{x}=\int_{-\infty}^{x}\mathrm{d}f$,累计分位点。

除此之外,我们还把归一化后的 $\bar{x}$ 的平方根 $\sqrt{\bar{x}}$ 和 $\bar{x}$ 的平方 $\bar{x}^2$ 作为网络输入,以期使网络能够更容易地得到特征的次线性(sub-linear)和超线性(super-linear)函数。

最后,模型的目标是预测期望观看时长。有点击的为正样本,有 PV 无点击的为负样本,正样本需要根据观看时长进行加权。因此,训练阶段网络最后一层用的是 weighted LR。

正样本的权重为观看时长 T_i,负样本的权重为 1。这样的话,LR 的期望为

$$\frac{T_i}{N-k} \tag{4-2}$$

其中 N 是总的样本数量,k 是正样本数量,T_i 是第 i 个正样本的观看时长。一般来说,k 相对 N 比较小,因此式(4-2)的期望可以转换成 $E[T]/(1+P)$,其中 P 是点击率。点击率一般很小,这样目标期望接近于 $E[T]$,即期望观看时长。因此在线上 serving 的 inference 阶段,采用 e^x 作为激励函数,就是近似地估计期望观看时长。

图 4-4 是离线利用 hold-out 的一天数据在不同 DNN 网络结构下的结果。如果用户对模型预估高分的反而没有观看,则认为是预测错误的观看时长。weighted、per-user loss 就是预测错误观看时长占总观看时长的比例。

隐藏层设计	模型损失值
None	41.6%
256 ReLU	36.9%
512 ReLU	36.7%
1 024 ReLU	35.8%
512 ReLU→256 ReLU	35.2%
1 024 ReLU→512 ReLU	34.7%
1 024 ReLU→512 ReLU→256 ReLU	34.6%

图 4-4 离线利用 hold-out 的一天数据在不同 DNN 网络结构下的结果

尝试使用不同宽度和网络来预测次日观看结果,观察模型损失值。使用 3 层网络,神经元数量分别为 1 024、512、256,效果最好。

YouTube 对网络结构中隐藏层的宽度和深度都做了测试,从图 4-4 的结果可以看出,增加隐藏层网络宽度和深度都能提升模型效果。而对于 1 024 ReLU→512 ReLU→256 ReLU 这个网络,测试不对预测目标(观看时长)进行归一化,loss 增加了 0.2%。而如果把 weighted LR 替换成 LR,效果会下降到 4.1%。

4.2.2　DeepFM 算法

除了 Deep&xWide 模型外,DeepFM 也是一个被广泛地应用在点击率预测中的深度学习模型,该模型的设计思路来自哈尔滨工业大学 & 华为诺亚方舟实验室,主要关注于如何学习 user behavior 背后的组合特征(feature interactions),从而最大化推荐系统的 CTR。DeepFM 模型是一个端到端的可以同时突出低阶和高阶 feature interactions 的学习模型。

DeepFM 是一个集成了 FM(Factorization Machine)和 DNN 的神经网络框架,思路和上文提到的 Wide&Deep 有相似的地方。本小节将具体介绍该模型的原理、网络结构设计方法以及其与 Wide&Deep 模型的比较。

我们都知道 Logistic Regression(LR)是 CTR 预估中最常用的算法。但 LR 有一个大前提,即假设特征之间是相互独立的,没有考虑特征之间的相互关系。换句话说,LR 在模型侧忽略了 feature pair 等高阶信息。比如,在一些场景中,我们发现用户年龄和性别是十分重要的特征,但 LR 只能单独处理这 2 个特征,比如女性比男性点击率高,年纪越小点击率越高。如果需要得到 20~30 岁的女性、15~20 岁的男性点击率高这样更精确的组合特征,需要人工对两个特征进行交叉。两个特征能做人工的交叉,但几十个特征两两交叉起来,特征工程将会十分巨大,所以 FM 算法在 CTR 预估中才会比较重要。FM 算法的简要思路如下。

假设 LR 算法决定追加考虑任意两个特征之间的关系,则模型可改写成

$$\theta(x) = w_0 + \sum_{i=1}^{n} w_i \boldsymbol{x}_i + \sum_{i=1}^{n} \sum_{j=i+1}^{n} w_{ij} \boldsymbol{x}_i \boldsymbol{x}_j \tag{4-3}$$

其中 w_{ij} 是 feature pair $<\boldsymbol{x}_i, \boldsymbol{x}_j>$ 的交叉权重。相对于 LR 模型,式(4-3)会有如下问题。

① 参数空间大幅增加,由线性增加至平方级。

② 样本比较稀疏。

因此,我们需要一种在模型侧计算高阶信息的低复杂度方法。FM 就是其中的一种方法,它把 w_{ij} 分解成 2 个向量 $<\boldsymbol{v}_i, \boldsymbol{v}_j>$:

$$\theta(x) = w_0 + \sum_{i=1}^{n} w_i \boldsymbol{x}_i + \sum_{i=1}^{n} \sum_{j=i+1}^{n} (\boldsymbol{v}_i, \boldsymbol{v}_j) \boldsymbol{x}_i \boldsymbol{x}_j \tag{4-4}$$

直观来看,FM 认为当一个特征 w_i 需要与其他特征 w_j 考虑组合特性的时候,只需要一组 k 维向量 $\boldsymbol{v}_i$ 即可代表 $\boldsymbol{x}_i$,而不需要针对所有特征分别计算出不同的组合参数 w_{ij}。这相当于将特征映射到一个 k 维空间,用向量关系表示特征关系。这种思想与前面我们介绍的矩阵分解(SVD)的思想是一致的。

单独使用 FM 算法考虑了低阶特征的组合问题,但是无法解决高阶特征的挖掘问题,所以才有引入 DeepFM 的必要性。

DeepFM 是一个集成了 FM 和 DNN 的神经网络框架,思路和 Google 的 Wide&Deep 有相似的地方,都包括 Wide 和 Deep 两部分。Wide & Deep 模型的 Wide 部分是高维线性模型,DeepFM 的 Wide 部分则是 FM 模型;两者的 Deep 部分是一致的,都是 DNN 层。DeepFM 模型如图 4-5 所示。

Wide&Deep 模型的输入向量维度很大,因为 Wide 部分的特征包括手工提取的 pair-wise

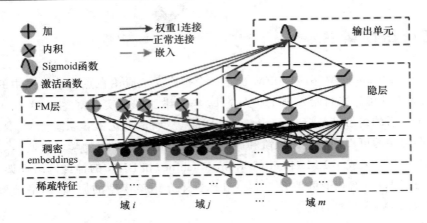

图 4-5　DeepFM 模型（网络左边为 FM 层，右边为 DNN 层）

特征组合，大大地提高了计算复杂度。和 Wide&Deep 模型相比，DeepFM 的 Wide 和 Deep 部分共享相同的输入，可以提高训练效率，不需要额外的特征工程，用 FM 建模低阶的特征组合，用 DNN 建模高阶的特征组合，因此可以同时从原始特征（raw feature）中学习到高阶和低阶的特征交互。在真实应用市场的数据集上通过实验验证，DeepFM 在 CTR 预估的计算效率和 AUC、LogLoss 上超越了现有的模型（LR、FM、FNN、PNN、W&D）。

前面介绍了 DeepFM 算法的基本原理，下面将介绍用 TensorFlow 搭建 DeepFM 的步骤。

① 实现 FM 中的一阶部分。FM 中的一阶部分和 LR 模型类似，主要是将特征分别乘上对应的系数。

② 实现 FM 中的二阶部分。FM 中的二阶部分主要是对 $\boldsymbol{x}_i$ 和 $\boldsymbol{x}_j$ 两两组合，并且找到它们分别对应的特征向量。为了更方便地实现二阶部分，我们进一步进行推导：最后转换为和平方与平方和两部分。

$$\sum_{i=1}^{n}\sum_{j=i+1}^{n}(\boldsymbol{v}_i,\boldsymbol{v}_j)\boldsymbol{x}_i\boldsymbol{x}_j = \frac{1}{2}\sum_{i=1}^{n}\sum_{j=1}^{n}(\boldsymbol{v}_i,\boldsymbol{v}_j)\boldsymbol{x}_i\boldsymbol{x}_j - \frac{1}{2}\sum_{i=1}^{n}(\boldsymbol{v}_i,\boldsymbol{v}_j)\boldsymbol{x}_i\boldsymbol{x}_j$$

$$= \frac{1}{2}\left(\left(\sum_{i=1}^{n}v_{i,f}\boldsymbol{x}_i\right)^2 - \sum_{i=1}^{n}v_{i,f}^2\boldsymbol{x}_i^2\right)$$

③ DNN 的实现。传统的多层感知机增加了 dropout，以防止过拟合。对权重进行初始化使用 glorot，根据输入层与输出层的神经元个数进行分布初始化，以减少梯度爆炸和梯度弥散的风险。

④ DNN+FM 融合。将两者的输出进行连接，并线性组合起来，通过 Sigmoid 函数转换成最后的得分。如果是 DEEP 与 FM 融合，则将 2 个部分的输出进行组合；如果只是单一的 DNN 或者 FM，则只使用一部分的输出。在代码中由 MODETYPE 控制网络类型。

⑤ 评估器的设计。自定义损失函数，常用的损失函数有最小平方误差准则（MSE）和交叉熵等。同时我们可以利用 TensorBoard 观测模型 AUC 等指标的变化情况。

loss 和 AUC 的变化：可以看出 DeepFM 比 FM 有显著的提升，对比 DNN 也有一定幅度的提升。使用相同的样本数据进行训练，在测试集上 DNN 的 AUC 为 0.73，DeepFM 的 AUC 为 0.75，FM 的 AUC 为 0.70（特征工程仍然是最重要的，特征越多，差异越明显）。

4.2.3　基于矩阵分解和图像特征的推荐

　　传统的推荐系统往往会遇到行为数据稀疏、冷启动等问题,比如在 Netflix 数据库,平均每个用户只参与 200 部电影的评分,但实际上,数据库里有上万部电影,稀疏的评分数据不利于模型的学习。因此,寻找一些附加信息帮助模型进行训练是非常有用的手段。

　　近年来,基于上下文环境的推荐系统引起了大家的广泛关注。这些上下文环境包括电影的属性、用户画像特征、电影的评论等。研究人员希望通过这些附加信息来缓解评分数据稀疏等问题,对于那些没有评分数据的电影,可以基于上下文环境来推荐,从而进一步提升推荐系统的质量。

　　研究人员观察到一个有趣的现象,电影的海报和一些静止帧图片能提供许多有价值的附加信息。图 4-6 展示了两部电影,每部电影都有一张海报。虽然这两部电影有着不同风格和完全不同的演员阵容,但从调查研究中发现,喜欢电影 1 的用户也会对电影 2 感兴趣。实际上,电影 2 的拍摄和制作受到电影 1 的启发,从视觉角度出发,两部电影的海报有一定程度的相似性。因此,研究人员认为应该把视觉特征作为附加信息用于提升推荐系统的质量。为此,学者们提出了一种基于矩阵分解和图像特征的推荐算法 MF＋(Matrix Factorization＋)。

(a) 电影1　　　　　　　　(b) 电影2

图 4-6　电影静止帧图片

　　具体来说,假定有稀疏偏好矩阵 $X \in \mathbf{R}^{m \times n}$,其中 m 代表用户的数量,n 代表商品的数量。矩阵 X 里的每个元素 x_{uv} 都代表用户 u 对商品 v 的偏好。如果用户 u 对商品 v 没有点评,那么 $x_{uv}=0$。I 是所有能观察到的 (u,v) 集合。在基于评分的推荐系统里,偏好定义成离散的数值 $[1,2,\cdots,5]$,分数越高代表偏好越强。我们用 X_v 表示电影 v 的海报,用 Y_v 代表多张静止帧图片。模型的目标是基于用户 u 的历史评分数据预测用户 u 对电影 v 的偏好 $\hat{x}_{uv}$,可以写成

$$\hat{x}_{uv}=\mu+b_u+b_v+\boldsymbol{U}^{\mathrm{T}}_{*u}(\boldsymbol{V}_{*v}+\eta) \tag{4-5}$$

其中,$\boldsymbol{U}_{*u}$ 是用户 u 的偏好向量,$\boldsymbol{V}_{*v}$ 是电影 v 的偏好向量,μ 是总评分偏置项,b_u 和 b_v 分别是用户 u 和电影 v 的偏置项,η 是电影的视觉特征,可以写成

$$\eta=\frac{\|N(\theta,v)\|^{-0.5}\sum\limits_{s\in N(\theta,v)}\theta_{sv}\,\hat{X}_s}{y(v)} \tag{4-6}$$

其中，θ_{sv} 表示电影 v 和 s 的相似度，$N(\theta,v)$ 表示相似度大于 θ 的电影集合，$y(v)$ 是缩放因子，表示海报和静止帧图片的一致性。$\hat{X}_s$ 表示海报和多张静止图片的组合，可以写成

$$\hat{X}_s = (X_s, Y_s) \tag{4-7}$$

其中，X_v 表示电影 v 的海报，Y_v 表示多张静止帧图片，并通过 Alex-Net 卷积网络模型提取图像特征。

式(4-5)里的参数可以通过优化下面的目标函数求出：

$$\min_{b, W, \theta, U, V} \sum_{(u,v)} (\lambda_1 b_u^2 + \lambda_2 W_{*v}^2 + \lambda_3 \|U_{*u}\|^2 + \lambda_4 \|V_{*v}\|^2 + \lambda_5 \theta_{sv}^2 + (x_{uv} - \mu - b_u - W_{*v}^{\mathrm{T}} Y_v - U_{*u}^{\mathrm{T}}(V_{*v} + \eta))^2) \tag{4-8}$$

4.2.4 基于循环神经网络的推荐

传统的推荐系统（比如基于协同过滤的推荐算法等）都假设用户偏好和电影属性是静态的，但本质上，它们是随着时间的推移而缓慢变化的。例如，一部电影的受欢迎程度可能由外部事件（如获得奥斯卡奖）所改变或者用户的兴趣随年龄的增长而改变，在传统的算法系统中，这些问题经常被大家忽视。图 4-7(a)是与时间无关的推荐系统，用户偏好和电影属性都是静态的，评分数据来自分布 $p(r_{ij}|u_i, m_j)$。相反，图 4-7(b)是与时间相关的推荐系统，用户和电影都采用马尔可夫链建模，评分数据来自分布 $p(r_{ij|t}|u_{i|t}, m_{j|t})$。

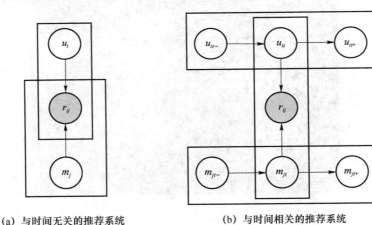

(a) 与时间无关的推荐系统　　　　　(b) 与时间相关的推荐系统

图 4-7　与时间无关的推荐系统和与时间相关的推荐系统

除了时序问题，很多传统的推荐算法使用未来的评分数据来预测当前的电影偏好。譬如，过去非常著名的 Netfix 竞赛也有类似的问题，他们并没有按照时间来划分训练集和测试集，而是把数据集随机打乱，用插值的方法来预测评分。在一定程度上，他们都违背了统计分析中的因果关系，因此那些研究成果很难应用到实际场景中。

通常有许多方法可以解决时序和因果问题，例如马尔可夫链模型、指数平滑模型等方法。马尔可夫链通常采用消息传递或者粒子滤波的方式求解，比如基于时序的蒙特卡洛采样方法等，这些方法只能求出近似解，不适合用于海量数据集。

进一步，数据科学家提出基于循环神经网络分别对用户和电影的时序性进行建模，该方法也满足统计分析中的因果关系，根据历史的评分数据预测将来的用户偏好。如图 4-8 所示，通过两个循环神经网络分别对用户和电影的时序性进行建模，用户的隐藏状态依赖于用户在当

前时刻对电影的评分 $y_{i,t-1}$ 和前一时刻用户的状态,电影的隐藏状态依赖于当前时刻其他用户对这部电影的评分 $y_{j,t-1}$ 以及前一时刻电影的状态。此外,该模型还结合了通过矩阵分解得到的用户和电影的静态属性 u_i 和 m_j。

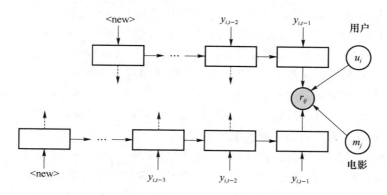

图 4-8 基于循环神经网络的推荐系统

具体来说,假定 u_{it} 和 m_{jt} 分别代表用户 i、电影 j 在第 t 时刻的隐藏状态。那么用户 i 在第 t 时刻对电影 m 的评分可以写成

$$\hat{r}_{ijt} = f(u_{it}, m_{jt}, u_i, m_j) = <\hat{u}_{it}, \hat{m}_{jt}> + <u_i, m_j> \tag{4-9}$$

其中,$\hat{u}_{it}$ 和 $\hat{m}_{jt}$ 可以当成 u_{it} 和 m_{jt} 的仿射变换,可以写成

$$\hat{u}_{it} = W_{\text{usr}} u_{it} + b_{\text{usr}}, \quad \hat{m}_{jt} = W_{\text{mov}} m_{jt} + b_{\text{mov}} \tag{4-10}$$

其中,u_{it} 和 m_{jt} 分别表示用户 i、电影 j 在第 t 时刻的隐藏状态,通过长短时记忆网络(LSTM)建模:

$$u_{it} = \text{LSTM}(u_{i,t-1}, y_{it})$$
$$m_{jt} = \text{LSTM}(m_{j,t-1}, y_{jt}) \tag{4-11}$$

其中,y_{it} 和 y_{jt} 分别代表用户 i 和电影 j 在第 t 时刻的输入,可以写成

$$y_{it} = W_a [x_{it}, l_{\text{new-usr}}, T_t, T_{t-1}] \tag{4-12}$$
$$y_{jt} = W_b [x_{jt}, l_{\text{new-mov}}, T_t, T_{t-1}] \tag{4-13}$$

其中:$l_{\text{new-usr}} = 1$ 和 $l_{\text{new-mov}} = 1$ 分别代表新用户和新电影;T_t 代表第 t 时刻的时钟;W_a 和 W_b 分别是用户和电影的参数投影矩阵;$x_{it} \in \mathbf{R}^V$ 表示用户 i 在第 t 时刻看过电影的评分,V 是电影数量;$x_{jt} \in \mathbf{R}^U$ 表示在第 t 时刻所有用户对电影 j 的评分,U 是用户数量。

模型参数可以通过优化下面的目标函数求出:

$$\min_{\theta} \sum_{(i,j,t)} (r_{ijt} - \hat{r}_{ijt})^2 + R(\theta) \tag{4-14}$$

其中,$R(\theta)$ 表示模型的正则化项。

4.2.5 基于生成式对抗网络的推荐

生成式对抗网络(Generative Adversarial Network,GAN)是一种深度学习模型,是近年来复杂分布上无监督学习最具前景的方法之一。模型通过框架中的(至少)两个模块——生成模型(generative model)和判别模型(discriminative model)——的互相博弈学习产生相当好的输出。在原始 GAN 理论中,并不要求 G 和 D 都是神经网络,只需要是能拟合相应生成和判别的函数即可。但实际中一般均使用深度神经网络作为 G 和 D。一个优秀的 GAN 应用需要有良好的训练方法,否则可能由于神经网络模型的自由性而导致输出不理想。

迄今为止 GAN 在推荐上的应用还是屈指可数的,因为 GAN 网络本身的对抗设计比较有技巧性,训练的稳定性不高,所以目前 GAN 在推荐系统上的实用性还不强。但是从长远来看,GAN 网络在推荐系统中应该还是有巨大潜力的,有很多地方需要完善。SIGIR 2017 的高分论文 IRGAN 获得了 2017 年的最佳论文提名奖,也是早期 GAN 在推荐系统中应用的论文。GAN 原本应用在信息搜索任务上,推荐系统被当成排序任务中的一种,这里我们只重点介绍 GAN 在推荐系统上的应用。需要提及的一点是,这里的 IRGAN 不应该被认为是推荐场景中 GAN 应用的标准范式,它仅提供一种思路更好地去拓展 GAN 在推荐系统中的应用。它是一个初步的尝试,不应作为范例而限制大家的思路。

在 IRGAN 的设计中,生成器和判别器都被理解成一个 rank 模型,它们的实现可以是任何传统的或者基于深度学习的打分模型。任务将用户商品的购买记录分成测试集和训练集,对于给定用户,rank 模型根据训练集历史交互记录以及用户/商品本身的特征对所有商品进行打分,根据分数排序来挑选适合用户的商品。如果推荐的商品在测试集中确实被用户购买,那么用户与该商品被认为一个正例,否则是一个负例。

但是生成器和判别器的目标不同,对于给定的一个用户,生成器负责在待排序的候选池(通常除掉正例之后的所有样本,包含负例,还有在半监督任务中未被标注的正例)中将潜在高质量的商品挑选出来,用以混淆当前的判别器。因为此处推荐的商品是一个离散的样本,论文通过 policy gradient 的方式将判别器的奖励和惩罚信号传递给生成器。挑选出来的高质量商品可能是高仿正例的负例,也可能是未被标注的正例。判别器的目标就是区分真实正例和生成器推荐的商品。

传统的 GAN 仅利用生成器的效果,判别器只是一个附属产物;与之不同的是,IRGAN 的生成器和判别器作为两个独立的打分模型,都可以有实用目的。因为两者的优化目标是相左的,意即生成器如果能够完全骗过判别器,那么生成器的预测结果完全拟合了从数据特征本身就可以得到该商品是否为相应用户所喜欢;另一种可能就是判别器基本能够完全理解正例和生成器生成的商品之间的差异。我们来分析这两种结果。在 IRGAN 的设计中,生成器和判别器是一个零和博弈问题,优化目标是相反的,所以是一个此消彼长的过程。对于生成器而言,它会尽力地去拟合正例的生成分布,如果在一个半监督的场景下,样本有很多虽然是正例,但是未被标注,淹没在"负例"候选池当中,这样生成器有很大可能从候选"负例"池中找到一些潜在的正例,真实的正例和潜在未被标注的正例一起喂给判别器,那么判别器很难学习到正负例之间的差异,最后产生接近于瞎猜的结果。

如果当前的推荐任务是一个监督任务,而不是一个半监督任务,即所有的正例都已经被标注,不存在未被模型感知的正例样本,那么生成器的候选集合只会有负例,判别器与它基本无法混淆,判别器一直在正确学习一个正例和负例的差异,那么判别器一般来说会表现很好。每次都会喂给当前模型更难判别的歧义样本,额外地增加当前分得不好的负例给判别器,类似于常用的集成学习 boost 的思路,给分得不好的样本以更大的权重。如果我们的判别器和生成器是相同的模型,其参数都是共享的,就直接可以退化成一个 Dynamic Negative Sample 的经典 trick。

我们将这个任务用一个形象的例子来说明它在半监督任务中的潜力。图 4-9 所示是一个判别器的打分分布图,横坐标随机分布一些样本(观察到的正例,以及未被标注的数据),其可能是未被标注的正例,也可能是负例,纵坐标是判别器的打分。两个任务分别是:判别器要把观察到的正例和其他样本分离开,生成器采样生成部分数据并获得判别器的奖励或者惩罚(如果采样全部数据的效率会很低),生成器采样的数据在图中的标记为"observed positive samples(观察到的正例)"。判别器会尽量把观察到的正例往上提,且把其他的样本(未观察的正例和负例)往下按,在往上提和往下按的同时也会影响到其他样本的打分。一般来说,判别器没有差别地把未观察到的正例和负例一起往下按,但是与此同时也会将正例往上提,由于观察到的正例和未观察到的正例有相似的特征和表示,因此会有更多的协同性,所以在向上提的过程中一些未观察到的正例也会跟着正例一起获得更高的得分。对于生成器而言,生成器会根据生成过的得分采样出一个小集合,根据小集合里的样本来得到判别器奖励。一般来说,生成器会把高分负例往上提,以获得更高的判别器奖励。图 4-9 中生成的 4 个样本在判别器中的得分越高,则会得到越好的奖励。最后,希望生成器可以通过打分模型(生成)采样所有高分的样本,这样的打分模型会较好地拟合一个半监督的正例分布。

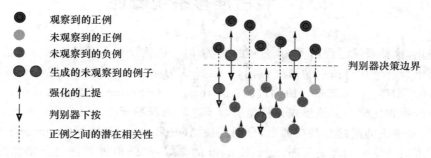

图 4-9　IRGAN 说明

第5章 混合推荐算法

5.1 混合推荐系统概述

迄今为止,推荐系统已经历了 20 多年的发展,但是仍然没有人对其给出一个精确的定义。推荐系统已成为一个相对独立的研究方向,一般被认为始于 1994 年 GroupLens 研究组推出的 GroupLens 系统。该系统基于协同过滤(collaborative filtering)完成推荐任务,并对推荐问题建立了一个形式化模型。该形式化模型引领了之后推荐系统的发展方向。基于该形式化模型,推荐系统要解决的问题总共有两个,分别是预测(prediction)和推荐(recommendation)。

预测所解决的主要问题是推断 user 对 item 的喜好程度,而推荐则是根据预测环节的计算结果向用户推荐 item。推荐系统在不同的应用场景下完成预测和推荐任务,具有众多算法,但是经过大量的实践,人们发现没有一种算法可以独领风骚,每种算法都有其局限性。

每种推荐算法在推荐时利用的信息和采用的框架各不相同,在各自的领域表现出来的效果也各有千秋。基于内容的推荐算法依赖 item 的特征描述,协同过滤会利用 user 和 item 的特定类型的信息转换生成推荐结果,而社交网络的推荐算法则根据 user 的相互影响关系进行推荐。每种算法各有利弊,没有一种算法利用了数据的所有信息,因此,我们希望构建一种混合(hybrid)推荐系统,来结合不同算法的优点,并克服前面提到的缺陷,以提高推荐系统的可用性。

5.1.1 混合推荐的意义

1. 海量数据推荐

海量数据推荐系统通常存在三部分:在线(online)系统、近线(nearline)系统和离线(offtine)系统。在线系统与用户直接进行交互,具有高性能、高可用的特性,通常利用缓存(cache)系统,处理热门请求的重复计算。近线系统接收在线系统的请求,执行比较复杂的推荐算法,缓存在线系统的结果,并及时收集用户的反馈,快速调整推荐结果。离线系统利用海量的用户行为日志进行挖掘,并进行高质量的推荐,通常具有运算周期长、资源消耗大等特点。

在工业应用中,面对海量的用户和物品,需要实时保证线上的用户请求得到可用结果。这里存在一个矛盾,在线系统无法承担资源消耗大的算法,而离线系统实时推荐能力差。因此,需要将在线系统、近线系统、离线系统组成混合系统来保证高质量的推荐。

　　Netflix 公司曾花重金举办推荐系统竞赛,并公开其后台推荐系统的架构,如图 5-1 所示,该系统为三段式混合推荐系统。

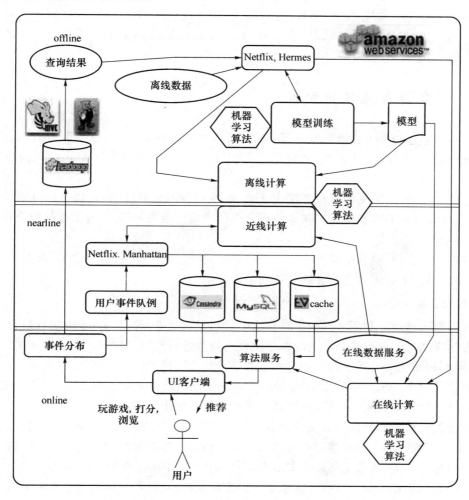

图 5-1　Netflix 实时推荐系统架构图

　　离线系统是传统的个性化推荐系统的主体,定期利用大量历史操作日志进行批处理运算,然后进行特征构造及选取,最终建立模型并更新。

　　近线系统将用户产生的事件利用流式计算得到中间结果,这些中间结果一方面发送给在线部分,用于实时更新推荐模型,另一方面将中间结果存储起来,例如,存储在 Memcached、Cassandra、MySQL 等可以快速查询的存储中作为备份。在 Netflix 系统中,其流式计算是通过一个叫作 Netflix. Manhattan 的框架来实现的,它是一个类似于 Storm 的实时流式计算框架。

　　在线系统利用离线部分的主体模型并考虑近线部分的实时数据对模型进行增量更新,然后得到实时的推荐模型,进而根据用户的行为来对其进行实时推荐。

2. 高质量推荐

　　为了提升推荐系统的推荐精度以及推荐多样性,在工业应用中通常会对推荐系统进行特征、模型等多层面的融合,来构建混合推荐系统。

YouTube 所使用的推荐系统是目前业界规模最大的、最先进的推荐系统之一。YouTube 在 2016 年第十届 ACM RecSys 上介绍了其利用深度学习的混合推荐算法带来了系统性能的巨大提升。该系统主要分为两个部分：候选列表生成（matching）和精致排序（ranking）。matching 阶段先"粗糙"召回候选集，ranking 阶段对 matching 后的结果采用更精细的特征计算排序分数，并进行最终排序。

5.1.2 混合推荐算法的分类

前一小节通过两个工业级典型应用介绍了混合推荐系统的意义，本小节将对目前的混合推荐系统进行简单分类，从系统、算法、结果、处理流程等不同的角度来分析不同混合推荐系统。

从系统架构上看，常见的架构是在线-离线-近线三段混合系统，各系统一般分别负责热门请求、短期计算和长期推荐计算。在上一小节中已经做了相关介绍，通过多段的混合推荐可以达到可靠的推荐结果。

从混合技术上看，混合推荐算法分为加权型、切换型、交叉型、特征组合型、瀑布型、特征递增型、元层次型。下面将对这几种算法分别进行介绍。

1. 加权型混合推荐

加权型混合推荐即利用不同的推荐算法生成的候选结果，进行进一步的加权组合，生成最终的推荐排序结果。例如最简单的组合是将预测分数进行线性加权。P-Tango 系统利用了这种混合推荐，初始化时给基于内容和协同过滤推荐算法同样的权重，根据用户的评分反馈进一步调整算法的权重。Pazzani 提出的混合推荐系统未使用数值评分进行加权，而是利用各个推荐算法对数据结果进行投票，利用投票结果得到最终的输出。

加权型混合推荐系统的好处是可以利用简单的方式对不同的推荐结果进行组合，提高推荐精度，也可以根据用户的反馈进行方便的调整。但是在数据稀疏的情况下，相关的推荐算法无法获得较好的结果，该系统往往不能取得较高的提升。同时，由于进行多个方法的计算，所以系统复杂度和运算负载都较高。在工业界的实际系统中，往往采用一些相对简单的方案。

2. 切换型混合推荐

切换型混合推荐技术是根据问题的背景和实际情况来使用不同的推荐技术，通常需要一个权威者根据用户的记录或者推荐结果的质量来决定在哪种情况下应用哪种推荐系统。例如，DailyLearner 系统使用基于内容和基于协同过滤的切换型混合推荐，系统首先使用基于内容的推荐技术，如果不能产生高可信度的推荐，则再尝试使用协同过滤技术；NewsDude 系统则首先基于内容进行最近邻推荐，如果找不到相关报道，就引入协同过滤系统进行跨类型推荐。可以看出，不同的系统往往采用不同的切换策略，切换策略的优化为这种方法的关键因素。由于不同算法的打分标准不一致，所以需要根据情况进行转换，这也会增加算法的复杂度。

3. 交叉型混合推荐

交叉型混合推荐技术的主要动机是保证最终推荐结果的多样性。因为不同用户对同一件物品的着眼点往往不相同，而不同的推荐算法生成的结果往往代表了一类不同的观察角度所生成的结果。交叉型混合推荐技术将不同推荐算法的生成结果按照一定的配比组合在一起，打包后集中呈现给用户。比如,可以构建这样一个基于 Web 日志和缓存数据来挖掘的个性化推荐系统,该系统首先通过挖掘 Web 日志和缓存数据来构建用户多方面的兴趣模式,然后根据目标用户的短期访问历史与用户兴趣模式进行匹配,采用基于内容的过滤算法,向用户推荐相似网页,同时,通过对多用户间的协同过滤,为目标用户预测下一步最有可能的访问页面,并根据得分对页面进行排序,附在现行用户请求访问页面后并推荐给用户。

交叉型混合推荐技术需要注意的问题是结果组合时的冲突解决问题,通常会设置一些额外的约束条件来处理结果的组合展示问题。

4. 特征组合型混合推荐

特征组合指将来自不同推荐数据源的特征进行组合,由一种单一的推荐技术使用。数据是推荐系统的基础,一个完善的推荐系统的数据来源是多种多样的。从这些数据来源中我们可以抽取出不同的基础特征。以用户兴趣模型为例,我们既可以从用户的实际购买行为中挖掘出用户的"显式"兴趣,也可以从用户的点击行为中挖掘出用户的"隐式"兴趣;另外从用户分类、人口统计学分析中,也可以计算出用户的兴趣。如果有用户的社交网络,那么也可以了解周围用户对该用户兴趣的投射。而且从物品(item)的角度来看,也可以挖掘出不同的特征。

不同的基础特征可以预先进行组合或合并,以为后续的推荐算法所使用。特征组合的混合方式使得系统不再仅考虑单一的数据源(如仅用用户评分表),所以它降低了用户对项目评分数量的敏感度。

5. 瀑布型混合推荐

瀑布型混合推荐技术采用了过滤的设计思想,将不同的推荐算法视为不同粒度的过滤器,尤其是待推荐对象(item)和所需的推荐结果数量相差极为悬殊时,往往非常适用。例如,En-treeC 餐馆推荐系统首先利用知识基于用户已有的兴趣来进行推荐,后面利用协同过滤再对上面生成的推荐进行排序。

设计瀑布型混合推荐系统时,通常会将运算速度快、区分度低的算法排在前列,逐步过渡为重量级的算法,这样做的目的是充分运用不同算法的区分度,让宝贵的计算资源集中在少量较高候选结果的运算上。

6. 特征递增型混合推荐

特征递增型混合推荐技术即将前一个推荐算法的输出作为后一个推荐算法的输入。这种算法上一级产生的并不是直接的推荐结果,而是为下一级的推荐提供某些特征。一个典型的例子就是将聚类分析环节作为关联规则挖掘环节的预处理:聚类所提供的类别特征被用于关联规则挖掘中,比如对每个聚类都进行关联规则挖掘。

与瀑布型混合推荐不同的是,后一个推荐算法并没有使用前一个产生的任何等级排列的输出,两种推荐算法的结果以一种优化的方式进行混合。

7. 元层次型混合推荐

元层次型混合推荐将不同的推荐模型在模型层面上进行深度的融合。比如,UserCF 推荐算法和 ItemCF 推荐算法的一种组合方式是,先求目标物品的相似物品集,然后删掉所有其他的物品(在矩阵中对应的是列向量),在目标物品的相似物品集上采用 User-Based 协同过滤推荐算法。这种基于相似物品的邻居用户协同推荐算法能很好地处理用户多兴趣下的个性化推荐问题,尤其是候选推荐物品的内容属性相差很大的时候,该算法性能会更好。

与特征递增型混合推荐的不同在于:在特征递增型混合推荐中使用一个学习模型产生某

些特征,作为后一个推荐算法的输入;而在元层次型混合推荐中,整个模型都会作为输入。

上述类型的混合方式可以按照处理流程统一分为3类。

① 整体式混合推荐系统。整体式混合推荐系统的实现方法是通过对算法进行内部调整,可以利用不同类型的输入数据,并得到可靠的推荐输出,上述的特征组合型混合推荐、特征递增型混合推荐和元层次型混合推荐属于此种类型。

② 并行式混合推荐系统。并行式混合推荐系统利用混合机制将不同推荐系统的结果进行集成,上述的加权型混合推荐、切换型混合推荐和交叉型混合推荐属于此种类型。

③ 流水线式混合推荐系统。流水线式混合推荐系统利用多个流程顺序作用产生推荐结果,上述的瀑布型混合推荐可以归化为此种类型。

5.2　推荐系统特征处理方法

"数据与特征决定了模型的上限,而模型算法则为逼近这个上限",这句话是推荐系统工程师的共识。特征的本质为一项工程活动,目的是最大限度地从原始数据中提取特征,以供算法模型使用。在实际构建推荐系统的过程中,可以直接用于模型算法的特征并不多,能否从原始数据中挖掘出有用的特征将会直接决定推荐系统的质量。对于特征一般的处理流程为特征获取、特征清洗、特征处理和特征监控,其中最核心的部分为特征处理部分。

由于原始数据中的特征通常无法在算法模型中直接使用,需要经过特征转换与特征选择后放入模型。特征转换包含对原始特征的各种变换,以更好地表达原始数据的内在规律,便于模型算法进行训练,而特征选择则选择提炼对模型表达有用的特征,希望建立更灵活、更简单的模型。

5.2.1　特征处理方法

由于数据源包含不同类型的变量,所以不同的变量往往处理方法不同,下面将针对不同的变量类型对特征处理方法进行介绍。

1. 数值特征处理

方法一:无量纲处理

无量纲化使不同规格的数据转换到同一规格。常见的无量纲化方法有标准化和区间缩放法。标准化的前提是特征值服从正态分布,标准化后,其转换成标准正态分布。区间缩放法利用了边界值信息,将特征的取值区间缩放到某个特定的范围,例如[0,1]等。

标准化变换后各维特征的均值为0,方差为1,也叫作 Z-Score 规范化,计算方式如下式,为特征值减去均值,除以标准差。

$$x' = \frac{x - \bar{x}}{S} \tag{5-1}$$

区间缩放法又被称为最大-最小标准化,最大-最小标准化是指对原始数据进行线性变换,变换到[0,1]区间。计算公式如下:

$$x' = \frac{x - \text{Min}}{\text{Max} - \text{Min}} \tag{5-2}$$

方法二:非线性变换

在很多情况下,对特征进行非线性变换来增加模型复杂度也是一个有效的手段。常用的变换有基于多项式、基于指数函数和基于对数函数的变换等。

下面利用基于对数函数的变换来进行说明,一般对数变换后特征分布更平稳。对数变换能够很好地解决随着自变量的增加,因变量的方差增大的问题。此外,将非线性的数据通过对数变换,转换为线性数据,便于使用线性模型进行学习。关于这一点,可以类比一下 SVM,比如,SVM 对于线性不可分的数据,先对数据进行核函数映射,将低维的数据映射到高维空间,使数据在投影后的高维空间中线性可分。

方法三:离散化

有时数值型特征根据业务以及其代表的含义需要进行离散化,离散化拥有以下好处:离散化后的特征对异常数据有很强的鲁棒性,比如,一个特征是年龄大于 30 为 1,否则为 0,如果特征没有经过离散化,一个异常数据“年龄 100 岁”会给模型造成很大的干扰;特征离散化后可以进行特征交叉,特征内积乘法运算速度快,进一步引入非线性,提升表达能力,计算结果方便存储,容易扩展;特征离散化后,模型会更稳定,如果对用户年龄进行离散化,20~30 作为一个区间,不会因为一个用户年龄长了一岁就变成一个完全不同的人。但是处于区间相邻处的样本会刚好相反,所以如何划分区间非常重要,通常按照是否使用标签信息可以将离散化分为无监督离散化和有监督离散化。

无监督离散化。无监督的离散化方法通常为对特征进行装箱,分为等宽度离散化方法和等频度离散化方法。等宽度离散化方法就是根据箱的个数得出固定的宽度,使得分到每个箱中的数据的宽度是相等的。等频度离散化方法是指使得分到每个箱中的数据的个数是相同的。在等宽或等频划分后,可用箱中的中位数或者平均值替换箱中的每个值,实现特征的离散化。这两种方法都需要指定区间的个数,同时等宽度离散化方法对异常点较为敏感,倾向于把特征不均匀地分到各个箱中,这样会破坏特征的决策能力。等频度离散化方法虽然会避免上述问题却可能会将具有相同标签的相同特征值分入不同的箱中,同样会造成决策能力下降。基于聚类分析的离散化方法也是一种无监督的离散化方法。该方法包含两个步骤:首先将某特征的值用聚类算法(如 K-means 算法)通过考虑特征值的分布以及数据点的邻近性划分成簇;然后将聚类得到的簇进行再处理,处理方法可分为自顶向下的分裂策略和自底向上的合并策略。分裂策略将每一个初始簇进一步分裂为若干子簇,合并策略则反复地对邻近簇进行合并。聚类分析的离散化方法通常也需要用户指定簇的个数,从而决定离散产生的区间数。对于实际数据的离散化,具体可以根据业务的规律进行相应的调整,利用自然区间进行相应的离散化。

有监督离散化。有监督离散化方法相较无监督离散化方法拥有更多的表现形式及处理方式,但目前比较常用的方法为基于熵的离散化方法和基于卡方的离散化方法。

由于建立决策树时用熵来分裂连续特征的方法在实际中运行得很好,故将这种思想扩展到更通常的特征离散化中,反复地分裂区间直到满足停止的条件,由此产生了基于熵的离散化方法。熵是最常用的离散化度量之一。基于熵的离散化方法使用类分布信息计算和确定分裂点,是一种有监督的、自顶向下的分裂技术。ID3 和 C4.5 是两种常用的使用熵的度量准则来建立决策树的方法,基于这两种方法进行离散化的特征几乎与建立决策树的方法的一致。在上述方法的基础上又产生了 MDLP 方法(最小描述距离长度法则),MDLP 方法的思想是假设断点是类的分界,以此得到许多小的区间,每个区间中的实例的类标签都是一样的,然后再应用 MDLP 准则衡量类的分界点中哪些是符合要求的可以作为断点,哪些不是断点,需要将相邻区间进行合并。由此选出必要的断点,对整个数据集进行离散化处理。

不同于基于熵的离散化方法,基于卡方的离散化方法采用自底向上的策略,首先将数据取值范围内的所有数据值列为一个单独的区间,再递归找出最佳邻近可合并的区间,然后合并它们,进而形成较大的区间。在判定最佳邻近可合并的区间时,会用到卡方统计来检测两个对象间的相关度。最常用的基于卡方的离散化方法是 ChiMerge 方法,它的过程如下:首先将数值特征的每个不同值看作一个区间,对每对相邻区间计算卡方统计量,将其与由给定的置信水平确定的阈值进行比较,高于阈值则把相邻区间进行合并,因为高的卡方统计量表示这两个相邻区间具有相似的类分布,而具有相似类分布的区间应当进行合并,成为一个区间。合并的过程递归地进行,直至计算得到的卡方统计量不再大于阈值,也就是说,找不到相邻的区间可以进行合并,则离散化过程终止,得到最终的离散化结果。

2. 离散特征处理

方法一:One-Hot 编码

在实际的推荐系统中,很多特征为类别属性型特征,通常会利用 One-Hot 编码将这些特征进行编码。如果一个特征有 m 个可能值,那么通过 One-Hot 编码后就变成了 m 个二元特征,并且这些特征互斥。One-Hot 编码可以将离散特征的取值扩展到欧式空间,离散特征的某个取值就对应欧式空间的某个点,可以方便地在学习算法中进行相似度等计算,并且可以稀疏表示,减少存储,同时可以在一定程度上起到扩充特征的作用。

方法二:特征哈希法

特征哈希法的目标是把原始的高维特征向量压缩成较低维特征向量,且尽量不损失原始特征的表达能力,特征哈希法是一种快速且很节省空间的特征向量化方法。在推荐系统中会存在很多 ID 类型特征(当然也可以利用 embedding 方法,但哈希方法更节约资源),利用特征哈希法,可以避免生成极度稀疏的数据,但是可能会引发碰撞,碰撞可能会降低结果的准确性,也可能会提升结果的准确性,一般利用另外一个函数解决碰撞。其一般描述为:设计一个函数 $v=h(x)$,能够将 d 维度的向量 $\mathbf{x}=(x(1),x(2),\cdots,x(d))$ 转换成 m 维度的新向量 v,这里的 m 可以大于也可以小于 d。通常使用的方法为利用哈希函数将 $x(1)$ 映射到 $v(h(1))$,将 $x(d)$ 映射到 $v(h(d))$。Hash 函数能够将任意输入转换为一个固定范围的整数输出。

方法三:时间特征处理

在推荐系统中通常会包含很多与时间相关的特征,如何有效地挖掘时间相关特征也会在很大程度上影响推荐的效果。通常的方案是按照业务逻辑以及业务目的进行相关特征的处理,例如,根据时间窗口统计特征(最大、最小、均值、分位数),并利用标签相关性对特征进行选择。

5.2.2 特征选取方法

1. 单变量特征选择

单变量特征选择能够对每一个特征进行测试,衡量该特征和响应变量之间的关系,根据得分丢弃不好的特征。这种方法比较简单,易于运行,易于理解,通常对于理解数据有较好的效果,但其与设计的算法模型无关。单变量特征选择方法有许多改进的版本、变种,下面介绍比较常用的几种。

方法一:皮尔逊相关系数

皮尔逊相关系数是一种简单的、能帮助人们理解特征和响应变量之间关系的方法,该方法衡量的是变量之间的线性相关性,结果的取值区间为$[-1, 1]$,-1 表示完全的负相关(这个变量下降,那个变量就会上升),1 表示完全的正相关,0 表示没有线性相关。皮尔逊相关系数表示两个变量之间的协方差与标准差的商,其计算公式如下:

$$\rho_{X,Y} = \frac{E[(X-\mu_X)(Y-\mu_Y)]}{\sigma_X \sigma_Y} \tag{5-3}$$

皮尔逊相关系数计算速度快、易于计算,经常在拿到数据(经过清洗和特征提取之后的)之后第一时间就可以执行。

方法二:距离相关系数

距离相关系数是为了克服皮尔逊相关系数的弱点而产生的。它基于距离协方差进行变量间相关性的度量,它的一个优点为变量的大小不是必须一致的,其计算方法如式(5-4)所示,注意通常使用的值为其平方根。

$$\mathrm{Dcor}(X,Y) = \frac{d\mathrm{Cov}(X,Y)}{\sqrt{\sqrt{d\mathrm{Cov}^2(X,X)} \cdot \sqrt{d\,\mathrm{Cov}^2(Y,Y)}}} \tag{5-4}$$

方法三:卡方检验

卡方检验最基本的思想就是通过观察实际值与理论值的偏差来确定理论的正确与否。具体做的时候常常先假设两个变量确实是独立的,然后观察实际值与理论值的偏差程度,如果偏差足够小,我们就认为误差是很自然的样本误差,是测量手段不够精确导致的或者偶然发生的,两者确实是独立的,此时就接受原假设;如果偏差大到一定程度,使得这样的误差不太可能是偶然产生的或者测量不精确所致的,我们就认为两者实际上是相关的,即否定原假设,而接受备择假设。

2. 基于模型的特征选择

单变量特征选择方法独立地衡量每个特征与响应变量之间的关系,而另一种主流的特征选择方法是基于机器学习模型的方法。

方法一:逻辑回归和正则化特征选择

下面介绍如何用回归模型的系数来选择特征。越是重要的特征在模型中对应的系数就会越大,而跟输出变量越是无关的特征对应的系数就会越接近于 0。在噪音不多的数据上,或者是在数据量远远大于特征数的数据上,如果特征之间相对来说是比较独立的,那么即便是运用最简单的线性回归模型也一样能取得非常好的效果。

L1 正则化将系数 w 的 L1 范数作为惩罚项加到损失函数上,由于正则项非零,这就迫使那些弱的特征所对应的系数变成 0。因此 L1 正则化往往会使学到的模型很稀疏(系数 w 经常为 0),这个特性使得 L1 正则化成为一种很好的特征选择方法。

然而,L1 正则化像非正则化线性模型一样,也是不稳定的,如果特征集合中具有相关联的特征,当数据发生细微变化时,也有可能导致很大的模型差异。

L2 正则化将系数向量的 L2 范数添加到了损失函数中。由于 L2 惩罚项中系数是二次方的，这使得 L2 和 L1 有着诸多差异，最明显的一点就是，L2 正则化会让系数的取值变得平均。对于关联特征，这意味着它们能够获得更相近的对应系数。L2 正则化对于特征选择来说是一种稳定的模型，不像 L1 正则化那样，系数会因为细微的数据变化而波动。所以 L2 正则化和 L1 正则化提供的价值是不同的，L2 正则化对于特征理解来说更加有用：表示能力强的特征对应的系数是非零。

方法二：随机森林特征选择

随机森林具有准确率高、鲁棒性好、易于使用等优点，这使得它成了目前最流行的机器学习算法之一。随机森林提供了两种特征选择的方法：mean decrease impurity 和 mean decrease accuracy。

方法三：XGBoost 特征选择

XGBoost 为工业级用得比较多的模型，其某个特征的重要性（feature score）等于它被选中为树节点分裂特征的次数的和，比如，特征 A 在第一次迭代中（即第一棵树）被选中了 1 次去分裂树节点，在第二次迭代中被选中了 2 次，那么最终特征 A 的 feature score 就是 1+2，可以利用其特征的重要性对特征进行选择。

方法四：基于深度学习的特征选择

对于图像特征的提取，深度学习具有很强的自动特征抽取能力，通常抽取其特征时将深度学习模型的某一层当作图像的特征。

5.3　常见的预测模型

5.3.1　基于逻辑回归的模型

逻辑回归模型是目前使用最多的机器学习分类方法，在推荐系统中的应用非常广泛，数据产品经理每天都在从事类似的工作。例如，他们分析购买某类商品的潜在因素，日后就可以判断该类商品被购买的概率。通常的做法是挑选两组人群进行对比实验，A 组选择的是购买该商品的人群，B 组选择的是未购买该商品的人群，这两组实验人群具有不一样的用户画像特征和行为特征，比如性别、年龄、城市和历史购买记录等，产品经理经过统计找出购买某类商品的主要因素或者组合因素。例如，性别女、年龄 25～30 岁、深圳、买过婴儿床的人群买婴儿车的概率比较高。然而，近年来互联网飞速发展，渗透到 PC、PAD 和手机等多种设备中，这导致用户在互联网上的画像和行为特征数据异常丰富，有时甚至达到千万级别。此时，通过产品经理来分析购买商品的潜在因素就不太合适了，我们需要依靠机器学习方法来建立用户行为模型、商品推荐模型等，以实现产品的自动推荐。逻辑回归模型是使用非常广泛的分类方法之一。

假定只考虑二分类问题，给定训练集合 $\{(\boldsymbol{x}_1, y_1), \cdots, (\boldsymbol{x}_n, y_n)\}$，其中 $\boldsymbol{x}_i \in \mathbf{R}^P$ 表示第 i 个用户的 p 维特征，$y_i \in \{0, 1\}$ 表示第 i 个用户是否购买商品。那么模型必定满足二项式分布：

$$P(y_i | \boldsymbol{x}_i) = u(\boldsymbol{x}_i)^y (1 - u(\boldsymbol{x}_i))^{(1-y_i)} \tag{5-5}$$

其中，$u(\boldsymbol{x}_i)=1/(1+\exp(-\eta(u(\boldsymbol{x}_i))))$，$\eta(\boldsymbol{x}_i)=\boldsymbol{x}_i^{\mathrm{T}}\theta$，$\theta$ 表示模型参数（包含该商品的偏置项），我们通常采用最大似然估计来求解：

$$L = P(y_1,\cdots,y_n \mid \boldsymbol{x}_1,\cdots,\boldsymbol{x}_n;\theta)$$

$$= \prod_{i=1}^{n} u(\boldsymbol{x}_i)^{y_i}(1-u(\boldsymbol{x}_i))^{(1-y_i)} \tag{5-6}$$

进一步，可以得到负对数似然函数：

$$L(\theta) = -\lg P(y_1,\cdots,y_n \mid \boldsymbol{x}_1,\cdots,\boldsymbol{x}_n;\theta,b)$$

$$= -\sum_{i}^{n}(y_i\lg u(\boldsymbol{x}_i)+(1-y_i)\lg(1-u(\boldsymbol{x}_i))) \tag{5-7}$$

通常采用随机梯度下降法来求数值解：

$$\theta = \underset{\theta}{\arg\min}\sum_{i}^{n}(y_i\lg u(\boldsymbol{x}_i)+(1-y_i)\lg(1-u(\boldsymbol{x}_i))) \tag{5-8}$$

对 θ 求导得到

$$\frac{\partial L}{\partial \theta} = \sum_{i}^{n}(g(\boldsymbol{x}_i^{\mathrm{T}}\theta)-y_i)\boldsymbol{x}_i \tag{5-9}$$

其中，$g(x)=1/(1-\exp(-x))$，进一步可以得到

$$\theta^{t+1} = \theta^t - \rho(g(\boldsymbol{x}_i^{\mathrm{T}}\theta)-y_i)\boldsymbol{x}_i \tag{5-10}$$

其中 $0<\rho<1$ 是步长参数。此外，我们也可以采用批次梯度下降法。两者对比，随机梯度下降法更快靠近最小值，但可能无法收敛，而是一直在最小值周围振荡。但在实践中，随机梯度下降法也能取得不错的效果。此外，数值求解法还有牛顿迭代法、拟牛顿法等。

5.3.2　基于支持向量机的模型

20 世纪 60 年代 Vapnik 等人提出了支持向量算法（support vector algorithm）。1998 年 John Platt 提出了序列最小优化（sequential minimal optimization）算法，以解决二次规划问题，并发展出了支持向量机（support vector machine）理论，该算法在 20 世纪 90 年代迅速成为机器学习中最好的分类算法之一。

支持向量机模型把训练样本映射到高维空间中，以使不同类别的样本能被清晰的超平面分割出来。而后新样本继续映射到相同的高维空间，基于它落在超平面的哪一边预测样本的类别，所以支持向量机模型是非概率的线性模型。

给定训练集合 $\{(\boldsymbol{x}_1,y_1),\cdots,(\boldsymbol{x}_n,y_n)\}$，其中 $\boldsymbol{x}_i\in\mathbf{R}^p$ 表示第 i 个用户的 p 维特征，$y_i\in\{-1,1\}$ 表示第 i 个用户是否购买该商品。任意的超平面满足

$$|\boldsymbol{w}^{\mathrm{T}}\boldsymbol{x}+b|=1 \tag{5-11}$$

如果训练集合是线性可分的，那么我们选择两个超平面分割数据集，使得两个超平面之间没有样本点，并且最大化超平面之间的距离。

$$\begin{cases}\boldsymbol{w}^{\mathrm{T}}\boldsymbol{x}+b\geqslant 1, & y=1\\ \boldsymbol{w}^{\mathrm{T}}\boldsymbol{x}+b\leqslant 1, & y=-1\end{cases}$$

所以，对任意样本点有

$$y_i(\boldsymbol{w}^{\mathrm{T}}\boldsymbol{x}+b)\geqslant 1 \tag{5-12}$$

进一步可以得到

$$\operatorname*{argmin}_{\boldsymbol{w},b}\frac{1}{2}\|\boldsymbol{w}\|^2, 约束于 y_i(\boldsymbol{x}^{\mathrm{T}}\boldsymbol{x}+b)\geqslant 1 \tag{5-13}$$

为了求解优化问题,引入拉格朗日乘子

$$L(\boldsymbol{w},b,a)=\frac{1}{2}\|\boldsymbol{w}\|^2-\sum_{i=1}^{n}a_i(y_i(\boldsymbol{w}^{\mathrm{T}}\boldsymbol{x}_i+b-1)), 约束于 a_i\geqslant 0 \tag{5-14}$$

求导后得到

$$\begin{cases}\dfrac{\partial L}{\partial \boldsymbol{w}}=\boldsymbol{w}-\sum_{i=1}^{n}a_iy_i\boldsymbol{x}_i\\[2mm]\dfrac{\partial L}{\partial b}=\sum_{i=1}^{n}a_iy_i\boldsymbol{x}_i\end{cases} \tag{5-15}$$

根据 KKT 条件,可以得到

$$对于 \forall i, a_i(y_i(\boldsymbol{w}^{\mathrm{T}}\boldsymbol{x}_i+b-1))=0 \tag{5-16}$$

从而

$$a_i=0$$

或者

$$y_i(\boldsymbol{w}^{\mathrm{T}}\boldsymbol{x}_i+b)=1 \tag{5-17}$$

然而,只有一些 $a_i\neq 0$,相应地,那些满足 $y_i(\boldsymbol{w}^{\mathrm{T}}\boldsymbol{x}_i+b)=1$ 的 $\boldsymbol{x}_i$ 就是支持向量。

如果训练集合是线性不可分的,即样本点线性不可分:

$$y_i(\boldsymbol{w}^{\mathrm{T}}\boldsymbol{x}+b)\ngeqslant 1 \tag{5-18}$$

则可以弱化约束条件,使得

$$y_i(\boldsymbol{w}^{\mathrm{T}}\boldsymbol{x}_i+b-1)\geqslant 1-\xi_i, \quad \xi_i\geqslant 0 \tag{5-19}$$

同样,引入拉格朗日乘子

$$L(\boldsymbol{w},b,\xi,\alpha,\beta)=\frac{1}{2}\|\boldsymbol{w}\|^2+c\sum_{i=1}^{n}\xi_i-\sum_{i=1}^{n}\alpha_i(y_i(\boldsymbol{w}^{\mathrm{T}}\boldsymbol{x}_i+b)+\xi_i-1)-\sum_{i=1}^{n}\beta_i\xi_i \tag{5-20}$$

最后可以得到

$$\begin{cases}\alpha_i=0 或 y_i(\boldsymbol{w}^{\mathrm{T}}\boldsymbol{x}_i+b)=1-\xi_i\\ \beta_i=0 或 \xi_i=0\end{cases} \tag{5-21}$$

5.3.3 基于梯度提升树的模型

2002 年 Friedman 等人提出了 SGB(Stochastic Gradient Boosting)方法并将其发展成梯度提升树(GBDT),该算法由于准确率高、训练速度快等优点受到广泛关注。它被广泛地应用到分类、回归和排序问题中。该算法是一种加法(Additive)树模型,每棵树学习之前 Additive 树模型的残差,它在被提出之初就和 SVM 一起被认为是泛化能力较强的算法。此外,许多研究者相继提出了 XGBoost、LightGBM 等,又进一步提升了 GBDT 的计算性能。

假定只考虑二分类问题,给定训练集合 $\{(\boldsymbol{x}_1,y_1),\cdots,(\boldsymbol{x}_n,y_n)\}$,其中 $\boldsymbol{x}_i\in \mathbf{R}^p$ 表示第 i 个用户的 p 维特征,$y_i\in\{0,1\}$ 表示第 i 个用户是否购买商品。模型的目标是选择合适的分类函数 $F(\boldsymbol{x})$ 来最小化损失函数:

$$L=\operatorname*{argmin}_{F}\sum_{i=1}^{n}L(y_i,F(\boldsymbol{x}_i)) \tag{5-22}$$

基于梯度提升树的模型以 Additive 的形式考虑分类函数 $F(\pmb{x})$：

$$F(\pmb{x}) = \sum_{m=1}^{T} f_m(\pmb{x}) \tag{5-23}$$

其中，T 是迭代次数，$\{f_m(\pmb{x})\}$ 被定义成增量的形式，在第 m_{th} 步，f_m 去优化目标值与 $f_j\Big|_{j=1}^{m-1}$ 累计值之间的残差。对于基于梯度提升树的模型，函数 f_m 是一组包含独立参数的基础分类器（决策树），模型参数 θ 表示决策树的结构，比如用于分裂内部节点的特征和它的阈值等。在第 m_{th} 步，优化函数可以近似成

$$L(y_i, F_{m-1}(\pmb{x}_i) + f_m(\pmb{x}_i)) \approx L(y_i, F_{m-1}(\pmb{x}_i)) + g_i f_m(\pmb{x}_i) + \frac{1}{2} + f_m(\pmb{x}_i)^2 \tag{5-24}$$

其中

$$F_{m-1}(\pmb{x}_i) = \sum_{j=1}^{m-1} f_j(\pmb{x}_i), \quad g_i = \frac{\partial L(y_i, F(\pmb{x}_i))}{\partial F(\pmb{x}_i)} \mid F(\pmb{x}_i) = F_{m-1}(\pmb{x}_i)$$

最小化式（5-24）的右式，得到

$$f_m = \underset{f_m}{\operatorname{argmin}} \sum_{i=1}^{n} \frac{1}{2} \left(f_m(\pmb{x}_i) - g_i \right)^2$$

5.4　排　序　学　习

排序学习（Learn to Rank，L2R）是机器学习和信息检索结合的产物，是一类通过监督训练来优化排序结果的方法，主要优势在于用监督数据直接来优化排序的结果。排序学习来自信息检索领域，用于对给定查询条件，根据查询和文档对之间的特征对文档进行排序，也适用于各类泛检索的任务，例如协同过滤等推荐系统。在排序学习之前，通用的检索方法（比如 TF·IDF、BM25 和语言模型等方法）除了少量调参外，基本不会用到监督信息。随着互联网的发展，更多的数据积累和更高的精度要求模型能够很好地消化数据，以提高精度，排序学习应运而生。为了提升检索效果，一方面会雇佣人工显式地标注文档与查询条件相关与否的标签，这类标注的数据量级一般来说比较小，但是质量很高；另一方面大量的用户操作行为（点击、浏览、收藏、购买等）隐式地成了有效的监督信号。排序学习使用这两类监督数据取得了非常好的效果，成为现代网页搜索的关键技术之一。

5.4.1　基于排序的指标来优化

在常见的推荐场景下，系统需要预测用户对商品的偏好。之前大部分推荐系统都把它当作一个回归的任务（CTR 预测），用模型去预测用户对商品的偏好，尝试去拟合整个商品集合的分数值，力求模型预测的绝对值与标签尽可能一致。经典的回归预测的评价指标是 RMSE（均方根）。该值展示了预测值和实际值的平均误差，一般来说，对所有的样本同等看待。如果所有样本的预测值与标签目标值的绝对大小完全一致，当损失减小为 0 时，才会停止优化。均方根的计算直接跟每一个样本相关，没有把排序结果当成一个整体去考虑。标签目标值一般是相关和不相关，或者是购买和未购买，分别取值 1 或者 0。为了避免给标签目标值设计一个线性的分值，其一般的取值不会超过两个离散的值。

但是在实际推荐系统的场景下,系统更关心的可能是头部预测的结果是否准确,Top-N 结果的偏序关系是否满足用户需求,比如,搜索引擎只要前一两页的结果就能够满足用户需求,优化后面页面的结果对提升用户体验效果有限。这样要求就从一个经典的回归问题转变为考虑一个排序任务。排序任务优化的目标是维持一个相对偏序关系,对预测分数的绝对值不是那么敏感。优化的目标为保证正例尽可能地排在前面,而其他的负例相对值小一些,这样系统就可以在生产环境中表现得不错。换句话说,推荐系统希望所有的商品的相对偏序关系能够准确预测(排序方法),而不要求预测值的绝对值准确(回归方法)。另外,推荐系统希望用户对排名靠前的头部商品更敏感,而基于回归预测的方法用户对这种位置偏置并不是很敏感。鉴于这两点,基于排序评价指标(而不是基于回归的评价指标)来评价推荐系统显得更加合理。

经典的排序指标包括 MAP(Mean Reciprocal Rank)、MRR(Mean Average Precision),这两类指标基于分类标签取值,只有相关(1)和不相关(0)两个结果。当相关性的取值不是 0/1 的时候,例如有"非常相关""很相关""相关""一般相关"和"不相关"五级的相关性结果时,ND-CG(Normalized Discounted Cumulative Gain)是一个更常用的指标。DCG 的定义为

$$\text{DCG}@T = \sum_{i=1}^{T} \frac{2^{l_i} - 1}{\lg(1+i)} \tag{5-25}$$

对于推荐系统给出一个排序列表(对一个用户/查询),l_i 是当前系统给出的前 T 个商品的评分(可以是 0/1 或者取值更多的细粒度标签)。式(5-25)中分子项是推荐 l_i 的收益,对高分商品的推荐有指数级的收益,对 0 分商品的推荐没有收益。式(5-25)中分母是对位置的偏置,位置越靠后,对应衰减系数越大,排在前面的商品得分越多就会有越高的收益。排在后面的商品的收益会有一个跟位置相关的折扣,排位越靠后的商品对评价结果的影响越小,排位超过截断值 T 的商品对结果没有影响。把前面 T 个推荐结果累加起来就是 DCG,即折扣的累计收益。但是该值的取值范围没有任何约束,所以需要归一化。归一化的方法是除以一个理想的 DCG 结果,理想的排序结果是根据标注的结果,从高往低排出一个列表,即该场景能够得到的最大 NCG 值 maxDCG@T(该场景能做到的最大排序收益)。将系统排序的结果除以 maxDCG@T,就会将结果归一化到 0~1 之间,最好的情况是跟理想的排序结果一致,即结果是 1。RMSE 只跟单个样本的结果相关,不同样本的预测结果之间不会直接关联起来,而 NDCG 指标针对整个排序的列表去计算,优化的是一个整体排序的结果。

5.4.2 L2R 算法的 3 种情形

L2R 算法一般分为 3 类,分别是 point-wise、pair-wise 和 list-wise。

1. point-wise

point-wise 的方案实现简单,基于单个样本去优化,排序问题退化成通用的回归/分类问题,一般是一个二分类的任务,是机器学习的典型判别问题。对于用户(query)q、两个商品 D_i 和 D_j,排序模型的核心是根据两个商品的特征来学习一个分数映射 f,使得 $S_i = f(x_i)$。x_i 可以是一些手工特征(跟 D_i 有关或者是跟 D_i 和 q 都相关),也可以是一些其他模型的结果,放进来集成学习。f 可以是一个逻辑回归模型、迭代决策树 GBDT(MART),也可以是一个多层的神经网络。

point-wise 有一个显著的特点,就是模型的分数是与用户无关的,所有用户和商品的打分都会有统一的度量作为预测值。由此带来的第一个问题是用户对头部的商品不敏感。第二个

问题是无法有效地容忍某个用户或者某个商品的偏置,例如,对于不同用户(query),只要商品(document)的标签是 1(0/1 两个取值的标签),那么它们就会被归为一类。即使用户 A(query)的所有实际购买商品(document)的特征值的预测值普遍比较低,用户 B(query)的所有实际购买商品(document)的特征值的预测值普遍相对偏高,他们标签的目标值也都是 1。

2. pair-wise

pair-wise 的方案将排序问题转换成一个偏序对的二分类问题,即偏序对关系正确还是错误,一个附带的好处是可以方便地利用多粒度的相关性,即使用户对商品有着非线性的多级评价程度,例如非常满意、满意、不满意,也可以方便地去构造这样的偏序对。

在给定查询 q 的场景下,文档对的差值归一化成一个概率分布(其实就是一个二项分布,包含预测偏序对关系成立和不成立两个概率),然后根据该分布与目标标签的差异(例如交叉熵损失)来通过标准梯度下降法进行优化。我们把两个分数的差值 $S_i - S_j$ 通过 Sigmoid 函数归一化到 0~1(满足概率的定义),它的含义为 D_i 比 D_j 更好的概率:

$$P_{ij} \equiv P(U_i \triangleright U_j) \equiv \frac{1}{1 + e^{-\sigma(S_i - S_j)}} \tag{5-26}$$

定义损失函数为交叉熵损失函数:

$$C = -\hat{P}_{ij} \lg P_{ij} - (1 - \hat{P}_{ij}) \lg (1 - P_{ij}) \tag{5-27}$$

其中 $\hat{P}$ 是实际的标签,所以式(5-27)中 $\hat{P}_{ij}$ 和 $1 - \hat{P}_{ij}$ 必有一个是零项,也就是式(5-27)中右边两项只有一项不为 0。按照标准的梯度下降法就可以优化这个损失函数。

对推荐任务有一个合理的评价指标是我们做推荐任务的一个前提,但是评价指标无法直接嵌入损失函数,优化的目标不能直接提升检索和推荐的性能。根据上一小节的介绍,实际上 NDCG 评价指标的计算函数并不是连续的,也就是说在优化的时候,如果模型参数有小的变动,即使预测的分数会平滑地改变,如果分数的变化没有带来其中任意文档之间的相对大小的变化,其 NDCG 指标没有变化,那么这样的指标也并不好直接定义成损失函数。

为了解决上述问题,可以使用 lambda 系列算法,通过这些算法,在训练阶段可直接优化评价指标。解决上述问题一个常见的方法是直接更改损失函数,lambda 系列(如 LambdaRank)算法正是如此。lambda 的物理意义是梯度更新的方向和大小。对于查询 q 对应的文档对 d_i 和 d_j,lambda 被定义为交换 d_i 和 d_j 排序结果的 NDCG 的变化值 ΔNDCG。梯度下降法的求解过程如下:

$$\lambda = \frac{\partial C(S_i - S_j)}{\partial S_i} - \frac{-\sigma}{1 + e^{-\sigma(S_i - S_j)}} \left| \Delta \text{NDCG} \right| \tag{5-28}$$

在 pair-wise 场景下,训练的样本是给定的查询 q 和一对文档 d_i 和 d_j,lambda 系列算法的做法是在当前的样本损失函数里面算上一个增益/折扣因子,该因子在反向传播的时候,可以理解成一个常数,等价于在所有需要更新参数的梯度上乘以一个该增益/折扣因子。

以 NDCG 为例,该增益/折扣因子就是当前模型针对 query 评价指标的优化结果。直观的意义是如果这样一个文档偏序对交换顺序之后对 NDCG 的影响很大,那么这次梯度方向会更新更多的梯度;如果影响很小,会更新得更少,这样一个技巧就会给模型带来很大的性能提升。

这种方式是跟用户(query)相关的,单个用户(query)和所有商品的偏好预测值的绝对值满足了排序关系,就无须继续优化。该方式存在一些问题,例如,不同用户(query)的偏序对的数量可能差异比较大,使得模型结果在偏序对多的同用户(query)上较好,没有消除不同用户(query)的样本数量的偏置。

3. list-wise

基于整个排序列表去优化,对于单个用户(query)而言,就是把整个需要排序的列表当成一个学习样本(instance)直接通过 NDCG 等指标来优化。例如,AdaRank 和 ListNet 直接使用定义在一个排序结果列表上的损失函数。AdaRank 直接针对每一个 query 对整个排序列表计算其与理想列表的差异,然后通过 boost 策略来调节不同 query 的权重。一般来说,基于list-wise 比基于 pair-wise 更有效,而基于 pair-wise 比基于 point-wise 更有效,实际经验的结果或许会有部分差异。

第6章 推荐算法的评估

6.1 可解释性

除了给出推荐列表之外,推荐理由的构建也是推荐系统的重要组成部分和研究方向。相关研究指出:在推荐系统中提供直观合理的推荐理由可以大大地提高用户对推荐结果的接受度,同时也有助于在很多方面增强用户体验,如系统的透明性、可信性、有效性、推荐效率、用户满意度等。但是推荐理由的构建往往需要与系统所使用的推荐算法相匹配,并且依赖于所使用的推荐算法。一般而言,常用的基于隐变量的个性化推荐算法(如上文所述的常用矩阵分解算法)由于本质上变量意义的隐含性,难以为推荐结果给出直观易懂的解释,这也是基于隐变量的个性化推荐方法的缺点之一。

个性化推荐算法中推荐理由的构建大致可以分为两种,一种是构造于模型之后的解释(post-model explanation),另一种是由模型内生的解释(intro-model explanation)。

模型后解释的方法在构建推荐列表的过程中先不考虑推荐理由,而是在推荐列表构建完成之后为算法给出的推荐"寻找"一个看上去合适的推荐理由,该推荐理由与给出的具体算法可以没有必然联系,甚至完全无关。例如,我们首先可以通过非负矩阵分解算法对用户-物品评分矩阵进行打分预测,然后选取预测分值最高的前几个目标用户未浏览商品并构建推荐列表。当我们需要对某一个被推荐出来的物品进行解释时,可以在系统所收集的大规模用户行为信息中统计浏览了该物品的用户数量,然后告诉目标用户"有百分之几的用户浏览了该商品",以此作为推荐理由,这也是很多实际系统(尤其是网络购物系统)中常见的推荐理由之一。可见,在该过程中最终我们给用户展示的推荐理由与生成该推荐的实际算法没有必然联系,但是该推荐理由来自系统收集统计的大规模真实用户行为信息,因此又是完全真实和可接受的。这样的推荐理由简单、直观、容易构造,因此在实际系统中得到了广泛的应用。

然而模型后解释的方法脱离了推荐列表的真实构建过程,因此系统给出的推荐理由可能与推荐结果脱节,难以非常精确地描述为何该物品被推荐给了用户。实际上,如果推荐理由的构建可以与所使用的推荐算法相辅相成,就可以在推荐算法执行的过程中收集有效的信息,跟踪一个物品被算法推荐给特定用户的具体机制和过程,从而向用户展示更为具体、细致、有说服力的推荐理由,模型内生的推荐理由构建则致力于给出这样高可信度的推荐理由。一个简单的例子是前面所介绍的基于物品的推荐算法。在基于物品的推荐中,我们对每一个用户计算其未浏览过的物品与已浏览(购买)物品的加权相似度,并给出加权相似度最高的几个未浏览物品作为推荐结果,相应的推荐理由则为"被推荐的物品与您曾经购买过的某(些)物品相似",我们还可以具体地给出这些相似的物品,从而进一步增强推荐理由的可信度。这样的推荐理由就是由推荐模型本身派生的,与所使用的具体推荐算法紧密相关。从某种意义上讲,使用什么样的推荐算法,就决定了被推荐物品的推荐理由如何。更复杂一些,与隐变量分解模型相对应的是显式变量分解模型,从用户的评论文本中抽取出诸如价格、质量、颜色等特定领域商品的属性词,并将其作为显式变量,与隐变量一起加入非负矩阵分解框架中,这样不仅可以预测用户在不同物品上的打分,还可以根据用户在不同属性词上对应权重的不同来确定到底是哪些属性决定了用户的最终打分,给出诸如"该推荐是因为您比较关心某属性,而该商品在该属性上表现较好"这样具体明确的推荐理由,从而让推荐结果更为真实可靠,吸引用户点击甚至采纳系统给出的推荐。

模型后解释和模型内生解释各有优点,也各有自己的缺点和局限性。模型后解释由于不依赖于具体所使用的模型,因而推荐理由的构建更为灵活多样,可选择性多,当推荐算法给出了推荐结果之后,我们可以进一步充分利用系统中包含的用户、物品信息和用户浏览、点击历史记录,根据不同的目的设计多种不同的推荐理由;其缺点则是推荐理由与实际情况不一定相符合,因为推荐理由与产生该推荐结果的算法未必有联系。模型内生解释则考虑了产生推荐结果的具体算法,通过分析算法的执行过程和给出推荐结果的内在逻辑,构建与之相匹配的推荐理由,因此推荐理由往往更为具体、细致、有说服力;然而正是由于推荐理由受限于具体所使用的推荐算法,所以推荐理由模式比较单一。

6.2　算 法 评 价

一个推荐算法的好坏必须用可靠的评价指标去度量,从而帮助我们了解系统和改进系统的性能。评价指标主要包括线下评价指标和线上评价指标。线下评价指标包括根均方差(Root Mean Square Error,RMSE)、平均绝对误差(Mean Absolute Error,MAE)、归一化折扣增益值(Normalized Discounted Cumulative Gain,NDCG)、平均准确率(Mean Average Precision,MAP)、准确率(precision)、召回率(recall)、F_1 值(F_1-measure)等;线上评价指标包括成交转化率、用户点击率等。在这里我们主要对常用的线下评价指标进行总结概括。

一个比较有意思的事情是,在线视频提供商 Hulu 讨论了点击率是否适用于评测推荐系统,报告认为在搜索领域被广泛认可或验证了的位置偏置(position bias)假设(即排在靠前位置的搜索结果得到的点击率会比靠后位置的结果多得多)并不适用于推荐系统,Zheng 等人的实验表明推荐产品的排列位置对点击率影响甚微,因此在以 NDCG 为指标的离线测评中性能好的算法,在在线测评中点击率有可能反而比较低。

目前评估推荐系统的线下指标大致可分为准确性(accuracy)与可用性(usefulness)两个方面。其中准确性衡量的是推荐系统的预测结果与用户行为之间的误差,准确性还可以再细分为预测准确度(prediction accuracy)和决策支持准确度(decision-support accuracy)。预测准确度又可分为评分预测准确度、使用预测准确度和排序准确度等,以 MAE、RMSE 等为常用的统计指标,来计算推荐系统对消费者喜好的预测与消费者实际的喜好间的误差平均值;而决策支持准确度则以关联度(correlation,包括 Pearson、Spearman、Kendall Tau 等相关系数)、准确度、召回率、F_1 值、ROC(Receiver Operating Characteristic)曲线、曲线下面积(Area Under Curve，AUC)等为主要指标。

1. 评分预测的评价

根均方差(RMSE)是最流行的度量指标,它描述了算法预测的打分与用户的真实打分之间的差距。优化 RMSE 度量指标,实际上就是要预测用户对每个商品的评分。

$$\text{RMSE} = \sqrt{\frac{\sum\limits_{r_{ij}} \text{e}\,\hat{S}(r_{ij} - \hat{r}_{ij})^2}{|\hat{S}|}}$$

其中,r_{ij} 是用户 i 对物品 j 的真实打分,$\hat{r}_{ij}$ 为算法给出的预测打分,$|\hat{S}|$ 表示测试数据集所包含测试样例的个数。例如 2007—2009 年间著名的 Netflix Prize 竞赛,就是以 RMSE 为评价指标的,竞赛者使用的算法比 Netflix 公司使用的推荐系统算法 CineMatch 预测的误差低10%,就可获得百万美元大奖。

另一个常用的度量指标是平均绝对误差(MAE),即直接计算预测值与真实值之间的误差绝对值:

$$\text{MAE} = \frac{\sum\limits_{r_{ij}e\hat{S}} |r_{ij} - \hat{r}_{ij}|}{|\hat{S}|}$$

RMSE 和 MAE 两个指标虽然类似,但是两者相比,前者对大误差更为敏感,对预测算法的评价也更为严格。

RMSE 和 MAE 仅度量误差幅度,容易理解且计算方式也不复杂,但其缺点也正是由于简单,过度简化事实,在有些场合可能不能说明问题。假设用户的真实打分为 3,那么预测打分为 1 或 5 的差别都是 1,但实际意义却截然相反。在这种情况下,可以定义适当的扭曲程度度量(distortion measure)来代替差值,以改进度量方法。

2. 推荐列表的评价

除打分预测之外,推荐系统最终要给用户提供一个个性化的推荐列表,对该推荐列表的效果评价是评测推荐算法实际效果的重要部分。

与信息检索理论同源的准确率、召回率、F_1 值评价指标是评价推荐列表最基本,也是最常用的指标。假设对于一个用户而言,用作测试样本的购买记录集合为 S_{test},而推荐系统为用户构造的推荐列表集合为 S_{rec},则准确率、召回率和 F_1 值的计算如下:

$$P = \frac{|S_{\text{test}} \cap S_{\text{rec}}|}{|S_{\text{rec}}|}, \quad R = \frac{|S_{\text{test}} \cap S_{\text{rec}}|}{|S_{\text{test}}|}, \quad F_1 = \frac{2 \times \text{precision} \times \text{recall}}{\text{precision} + \text{recall}}$$

对于推荐列表的长度确定为 n 的场合,我们可使用 precision@n(P@n)、recall@n(R@n)和 F_1@n 来度量;而对于推荐数量未指定的场合,我们则可以使用 PR 曲线或 ROC 曲线来描述推荐出正确物品的比例,其中 PR 曲线强调被推荐的物品有多少是正确的,而 ROC 曲线则强调有多少用户不喜欢的物品被推荐了出来。与推荐列表相对应的 AUC 指标则对不同 precision-recall 取值下的推荐效果给出一个综合的评价,AUC 越大表示系统能够推荐出越多正确的物品。已经有研究人员验证,大部分状况下计算 ROC 和 precision-recall 时,会得到相同的混淆矩阵(confusion matrix),而且从其中一个曲线可以推演出另外一个曲线的状况。不过PR 曲线比较适合数据分布高度不平均(highly-skewed)的情况,因此在实际应用中要根据推荐系统选择相应的评估方式。

　　以上的评价指标实际上只考虑了推荐集合的正确与否,而没有关注被推荐物品的排序。实际上,对于同样的推荐物品集合,正确的物品越靠前越好。因此,一个更为合理的评价方式是把被推荐物品的位置信息也考虑在内,平均准确率(MAP)即评估用户期望的相关结果是否尽可能排在前面。MAP 是在信息检索中为解决 PRF 指标的不足而提出的,单个主题的平均准确率是每篇相关文档检索后的准确率的平均值,主集合的平均准确率是每个主题的平均准确率的平均值。MAP 是反映系统在全部相关文档上性能的单值指标。系统检索出来的相关文档越靠前,则 MAP 就可能越高。对于 N 个推荐列表,假设每一个列表的长度均为 n,则 MAP 可以表示如下:

$$\mathrm{MAP} = \frac{1}{N} \sum_{i=1}^{N} \frac{\sum_{j=1}^{n} P_i(k) \delta_{ij}}{\sum_{j=1}^{n} \delta_{ij}}$$

其中,$P_i(k)$ 表示第 i 个推荐列表在位置 k 的准确率,δ_{ij} 为一个示性函数,表示列表 i 中的第 j 项是否为正确的推荐,当该推荐是一个正确的推荐时,$\delta_{ij}=1$,否则 $\delta_{ij}=0$。

　　另一个同样考虑未知因素且经常被用来评价推荐列表质量的指标为归一化折扣增益值(Normalized Discounted Cumulative Gain,NDCG),它同样考虑 N 个推荐列表,且每一个列表的长度均为 n,示性函数为 δ_{ij},则 NDCG 可以通过如下的方式计算:

$$\mathrm{NDCG} = \frac{1}{N} \sum_{i=1}^{N} \frac{1}{\mathrm{IDCG}_i} \sum_{j=1}^{n} \frac{2^{\delta_{ij}} - 1}{\log_2(j+1)}$$

其中 IDCG 是第 i 个推荐列表所有可能取到的最大的 DCG 值,即当该列表中所有正确的物品均排在列表最前面时 $\sum_{j=1}^{n} \frac{2^{\delta_{ij}} - 1}{\log_2(j+1)}$ 这部分的值,其作用是保证 NDCG 的理想值为 1,从而便于比较。

　　在科学研究和实际系统中,我们必须按照任务的实际需要来选择合适的、有说服力的和有代表性的指标来进行算法验证和系统评价,一般情况下,可以选择 RMSE 或 MAE 指标来验证算法在打分预测任务上的表现,用 precision、recall、F_1-measure、MAP 和 NDCG 指标来验证算法在推荐列表构建任务上的表现。为了验证算法的线上效果,还可以进一步采用点击率等线上指标来评价在实际系统中用户点击率推荐结果的真实情况。

6.3　研　究　前　景

　　虽然经历了几十年的研究和发展,推荐系统已经成为各种现代网络应用中不可或缺的组成部分,但是推荐系统的研究和应用仍然面临着很多重要而急迫的挑战,推荐系统的应用形式和场景也蕴含着更多的可能。在本节,我们总结归纳目前推荐系统在研究和应用方面所面临的一些重要问题,同时指出推荐系统在未来研究和应用中的一些潜在方向,以使读者对推荐系统的未来发展拥有一些认识。

1. 推荐系统面临的问题

冷启动(cold-start)问题是困扰研究界和产业界多年的重要问题。对于一个全新的网络用户,由于系统中尚没有任何关于该用户的商品购买或浏览交互等信息可以用来分析其个性化偏好和需求,因此无法向其提供个性化的推荐列表。该问题在传统的基于数值化评分的个性化推荐方法中尤为突出,并与数据的稀疏性问题互为因果,这是由于网站内的新注册用户往往只对非常少量的数个商品给出过数值化的评分,因此很难通过如此少数的评分分析用户的偏好和需求。另外,在大数据环境下,数据的稀疏性显得更加明显和严重,这进一步加重了冷启动问题对实际系统带来的负面影响。

目前,解决冷启动问题的方法主要包括:降维技术(dimensionality reduction),通过 PCA、SVD 等技术来降低稀疏矩阵的维度,从而为原始矩阵求得最好的低维近似,但是在实际系统中庞大的数据规模使得降维过程存在大量运算成本,并有可能影响预测和推荐效果;混合推荐模型方法通过取长补短弥补其中某种方法的问题;加入用户画像信息和物品属性信息,例如,使用用户资料信息来计算用户相似度,或者使用物品的内容信息来计算物品相似度,进一步与基于打分的协同过滤方法相结合,以提供更为准确的推荐。

另外,推荐系统中的小众用户(gray sheep)问题是限制系统在小众用户上取得较好性能的重要方面,该问题主要表现为有些人的偏好与任何人或绝大多数人都不同,因而难以在大规模数据上采用协同过滤的方式为该用户给出合理的推荐。目前,小众用户推荐一般采用混合式的推荐模型来进行,例如常见的结合内容的和协同过滤的混合式推荐方式,挖掘小众用户在感兴趣的物品上的内容信息,并进一步结合可能取得的相似用户行为信息给出推荐。然而,该方案在解决小众用户推荐的问题上还远远不够,由于长尾效应的存在,系统在小众用户上的性能对整体能取得的性能有较大的影响,因此小众用户推荐的问题需要进一步的研究和实践。

长期以来个性化推荐的可解释性是困扰学术界和在实际应用中经常遇到的重要问题,随着推荐算法变得越来越复杂和隐变量方法的大量使用,算法所给出的推荐列表往往并不能得到较为直观的解释,也就难以让用户理解为什么系统会推荐该物品而不是其他物品。当前的实际系统往往简单地给出"看过该物品的用户也看过这些物品"这样的推荐理由,然而这样的推荐理由往往无法令人信服,从而降低了用户点击率和接受推荐结果的潜在可能性。在跨领域的异质推荐背景下,推荐结果的可解释性显得更为重要,因为缺乏直观可信的推荐理由,将难以说服用户进入新的甚至是陌生的网站查看异质推荐结果。如何将推荐理由的构建与系统所使用的推荐算法紧密结合,从而得到更为细致、准确、有说服力的推荐理由,进而引导用户查看甚至接受系统给出的推荐,是在学术研究和实际系统中都需要考虑的重要问题。

推荐系统如何应对恶意攻击也是实际系统需要解决的重要问题,该问题实际上是推荐系统中的反垃圾问题。例如,有些用户或商家会频繁地为自己的物品或者对自己有利的物品打高分,而恶意为竞争对手的物品打低分,甚至注册大量的系统账号来干预某物品的得分,从而达到人工干预推荐系统推荐效果的目的,这会影响协同过滤算法的正常工作。该问题的被动解决办法可以是采用基于物品的推荐,因为在恶意攻击的问题上,基于物品的推荐往往能比基于用户的推荐具有更好的鲁棒性,因为作弊者总归是少数,其对计算物品相似度影响较小,然而在基于用户的推荐中为正常用户计算得到的近邻用户很有可能都是作弊用户,从而使正常用户所得到的推荐列表受到干扰。当然,我们也可以采用主动的解决办法,设计有效的垃圾用户识别技术来识别和去除作弊者的影响。

除此之外,推荐系统的研究和应用还面临很多其他的问题和挑战,如隐私问题、噪声问题、推荐的新颖性等。在这些问题上急需进一步投入更多的研究和实践,从而不断完善推荐系统的性能和应用场景。

2．推荐系统的新方向

长期以来,推荐系统的各种算法和研究都基于 Resnick 和 Iacovou 于 1994 年所提出的数值化打分矩阵的形式化模型,该模型的核心以用户打分为基础,然而少有对基于用户文本评论语料进行个性化推荐的研究。基于文本评论的个性化推荐被很多论文提到,但是研究并不深入,这一方面限于文本挖掘技术和研究遇到很多难点,另一方面限于之前网络上所积累的文本信息还不够多。然而伴随着 Web 2.0 网络的兴起,互联网上所积累的用户文本信息越来越多,文本信息已经成为一种不可忽略的信息来源,如电子购物网站中的用户评论、社交网络中的用户状态等。这些文本信息对于了解用户兴趣、发掘用户需求有着极其重要的作用,充分利用这些数值评分之外的文本信息进行用户建模和个性化推荐具有重要的意义。

推荐系统与用户的交互方式也是相关领域内研究的热点方向。目前常见的实际系统一般以推荐列表的形式给出推荐,然而一些研究表明,即便是同样的打分和评价系统,如果展示给用户的方式不同,也会对用户的使用、评价产生一定的影响。比如,MovieLens 小组第一次研究了用户打分区间、连续打分还是离散(如星标)打分、推荐系统主动欺骗等对用户使用推荐系统造成的影响。与搜索引擎一样,推荐系统的界面设计和交互方式也越来越受到研究人员的关注。

理解和应用推荐系统的长尾效应可以为进一步提高系统的推荐效果打开新的窗户。一个实际推荐系统的性能不能直接以预测评分的精确度来测量,而应该以用户的满意度来考虑。推荐系统应该以"发现"为核心终极目标,而现存的一些推荐技术通常会倾向于推荐流行度很高的、用户已经知道的物品。这样存在于长尾中的物品也就不能很好地推荐给相应的用户。但是,这些长尾物品通常更能体现用户的兴趣偏好。所以,在推荐系统的设计过程中,不仅要考虑预测的精度,而且还要考虑用户真正的兴趣点在哪里。研究人员已开始考虑长尾效应在推荐系统设计过程中的应用,并考虑如何将长尾物品推荐给用户,以及如何为小众用户推荐合适的物品。

另外,在如今的网络化潮流中,我们需要前瞻性地看到一个重要而急迫的问题,即在越来越多的生活项目日益网络化的同时,在网络上也造成了一个个的信息孤岛:每一个网络应用平台都拥有用户在该平台或该领域内的行为信息,了解用户在该平台和领域内的行为偏好,从而可以在该领域内给出个性化的专业服务;然而在不同平台和领域之间,尤其是在异质领域(如视频和购物)之间,用户的行为线索并没有被打通,每一个平台和领域也都没有其他平台和领域的用户行为信息,也就难以给出平台之外、其他领域的个性化服务。这些独立的信息孤岛将网络用户原本完整而流畅的生活时间线割裂开来,未能形成浑然一体的个性化服务流程,贯穿网络用户生活的始终,使得互联网本应在人们的日常生活中所起的重要甚至是核心的作用大打折扣。

因此,使互联网所连接的各个系统能够协作式地发掘用户潜在需求,适时地给出跨领域的异质推荐结果和个性化服务成为推荐系统向通用推荐引擎发展的重要问题和研究前沿,并将极大地降低人们使用互联网的时间和精力成本,免去在各个独立服务之间进行切换和查找的麻烦。更重要的是不同类型的异质商品或服务之间的信息联通和相互推荐,这其中就蕴含着全新的互联网运营和盈利模式。例如,通过从历史数据中进行任务挖掘,旅行机票订购网站可以使用异质推荐为酒店预订、车辆租赁、团队预订等多种潜在的关联网站带来流量,并从中获得额外收益;视频服务商甚至可以通过异质推荐给出来自购物网站的商品推荐,从而实现虚拟产业收入与实物商品收入的结合,这对促进产业协作发展和产业整合具有重要意义。

　　从这一角度来看,推荐系统以及推荐系统背后所隐含的用户个性化建模的思想,将在不久的未来以平台化应用的形式全面渗透到桌面端、手机端,甚至是操作系统中,典型的例子有个人手机助手、个性化办公助手等平台化、个性化工具。在不久的将来,手机、计算机等基于互联网的终端将会更加智能、更加"懂用户",为用户提供个性化的办公和娱乐体验;同时以物联网、智能家居为典型代表的线下终端,也将更加"懂用户",在真实物理世界的日常生活中,时刻为我们提供准确、贴心、及时的个性化生活服务。一言以蔽之,个性化推荐技术及其试图去理解用户的基本思想将作为人工智能的核心环节,在未来智能生活的浪潮中发挥重要作用。

第二部分

推荐算法应用案例

第7章 基于内容的推荐案例

基于内容的推荐算法通常会抽取推荐物品的属性信息,基于内容相似度进行推荐。该算法的核心思想就是把与用户喜欢的新闻内容相似的新闻推荐给用户。由于每个用户都独立操作,拥有独立的特征向量,所以不需要考虑别的用户的兴趣,不存在评价级别多少的问题,能推荐新的项目或者是冷门的项目。这些优点使得基于内容的推荐算法不受冷启动和稀疏问题的影响,只要用户产生了初始的历史数据,就可以开始进行推荐。而且随着用户的浏览记录数据的增加,这种推荐一般也会越来越准确。

基于内容的推荐算法通常会抽取推荐物品的信息进行描述,常用的方法是加权关键词向量,用户画像和物品特征可以表示为 $P = \langle w_1, w_2, \cdots, w_n \rangle$。抽取的关键词作为推荐对象的特征,权重可以用 TF-IDF、熵、信息增益和互信息等进行计算。例如,在新闻等文本相关推荐领域,就可以先进行分词,然后利用 TF-IDF 计算权重,抽取关键词形成特征,建立加权关键字向量。对于用户画像,则可以通过用户所有交互过的物品的加权关键字向量的加权平均来表示。本章案例关键步骤介绍如下。

1. 用户历史浏览记录

如何发现用户喜欢的新闻?在新闻内容的推荐中,用户都是有历史浏览记录的,我们可以从这些用户浏览的新闻中"提取"能代表新闻主要内容的关键词,看哪些关键词出现得最多,比如可以有手机、计算机游戏、发布会等关键词。

2. 新闻所属领域分类

统计网站新闻所属的领域,比如国际政治、社会、民生、娱乐,体育等,找出用户看的新闻来源最多的几个领域。不过按这种方式判断用户兴趣容易太宽泛,哪怕是同一个领域下的新闻,可能也会差异很大。比如,某用户可能喜欢 A 女星,而不喜欢 B 女星,如果你只是认为该用户喜欢娱乐新闻,结果把 B 女星的新闻不停地推荐给该用户,那就肯定效果不好。上述的关键词提取就可以比较好地规避这个问题。

3. 判断两则新闻内容相似

提取两则新闻的关键词并对比它们的关键词是不是相同,是判断两则新闻内容是否相似的基本思路。一则新闻可以有好几个关键词,两则新闻的关键词要想全部一样是比较困难的,所以我们需要对两则新闻的关键词匹配程度做一个合理的量化,这时就可以使用 TF-IDF 算法。

4. TF-IDF 算法

TF-IDF 算法的具体原理可以参考第 2 章,这里简单地解释一下:TF-IDF 算法可以返回给我们一组属于某篇文本的"关键词-TF-IDF 值"的词数对,这些关键词最好地代表了这篇文本的核心内容,而这些关键词相对于本篇文章的关键程度由它的 TF-IDF 值量化。

5. 对比两篇文本的相似程度

公式如下:

$$\text{Similarity}(A, B) = \sum_{i \in m} \text{TF-IDF}_A \cdot \text{TF-IDF}_B$$

其中 m 是两篇文本重合关键词的集合。将两篇文本所有的共同关键词的 TF-IDF 值的乘积相加,就获得了最终代表两篇文本的相似度的值。

举例:分别提取两则新闻的关键词与 TF-IDF 值,如下。

A 新闻:"美女模特":100,"女装":80,"奔驰":40。

B 新闻:"程序员":100,"女装":90,"编程":30。

两则新闻只有一个共同关键词"女装",故相似度为 $80 \times 90 = 7\,200$。

6. 用户喜好衡量:喜好关键词表

在用户的历史记录中有很多新闻观看记录,每则新闻都有很多个关键词,推荐系统将用户刚刚访问的新闻与其历史记录中的新闻做对比,这时需要引入喜好关键词表。

7.1 数 据 集

为了保证系统的运行效率,本案例采用的搜狗新闻语料由搜狗实验室提供,下载地址为 http://www.sogou.com/labs/resource/cs.php,下载迷你版数据并进行实验分析。下载下来的文件名为 news_sohusite_xml.smarty.zip 或者 news_sohusite_xml.smarty.tar.gz。

7.2 数据预处理

首先解压并查看原始数据,打开 Windows 命令提示符(cmd),转到该文件所在文档,输入:

```
tar -zvxf news_sohusite_xml.smarty.tar.gz
```

解压后的文件为 news_sohusite_xml.smarty.dat。使用 pycharm 打开解压后的数据,会发现两个关键问题,如图 7-1 所示:①文档编码有问题,需要对它进行转码;②文档存储格式是 uml,< url >标签中是页面链接,< contenttitle > 标签中是页面标题,< content >标签中是页面内容,可以根据自己的需要来获取信息。

利用 cmd 命令窗口,在转码处理的同时获取< content >和</ content >之间的内容。

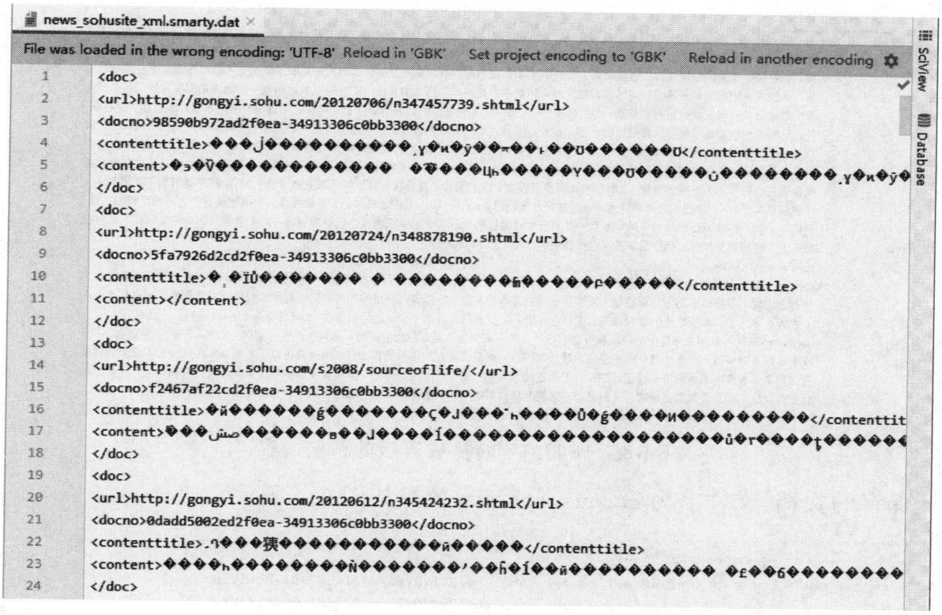

图 7-1　数据文件预览内容

在 Linux 下执行如下命令：

```
cat news_sohusite_xml.smarty.dat | iconv -f gbk -t utf-8 -c | grep "< content >">
corpus.txt
```

在 Windows 下使用的命令：

```
type news_sohusite_xml.smarty.dat | iconv -f gbk -t utf-8 -c | findstr "< content >"
> corpus.txt
```

这时候可能会报错，原因是缺少 iconv.exe，需要下载 win_iconv 编码转换工具，推荐一个下载地址：https://download.csdn.net/download/qq_42491242/12242103。下载后解压，复制 iconv.exe 到 C:\Windows\System32，即可使用。

用同样的方法获取< url >与</url >之间的内容。参考命令如下：

```
type news_sohusite_xml.smarty.dat | iconv -f gbk -t utf-8 -c | findstr "< url >">
corpus_url.txt
```

用同样的方法获取< contenttitle >与</contenttitle >之间的内容。参考命令如下：

```
type news_sohusite_xml.smarty.dat | iconv -f gbk -t utf-8 -c | findstr "< contentti-
tle >" > corpus_title.txt
```

打开保存的文档，文件名为 corpus.txt，效果如图 7-2 所示。

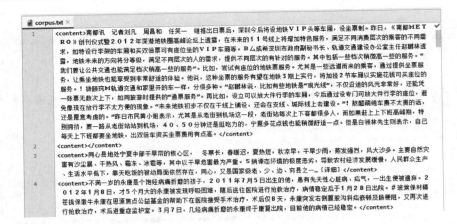

图 7-2　新闻内容转换编码后的预览内容

打开保存的文档,文件名为 corpus_url. txt,效果如图 7-3 所示。

```
corpus_url.txt ×
1    <url>http://gongyi.sohu.com/20120706/n347457739.shtml</url>
2    <url>http://gongyi.sohu.com/20120724/n348878190.shtml</url>
3    <url>http://gongyi.sohu.com/s2008/sourceoflife/</url>
4    <url>http://gongyi.sohu.com/20120612/n345424232.shtml</url>
5    <url>http://gongyi.sohu.com/20120629/n346847569.shtml</url>
6    <url>http://gongyi.sohu.com/s2009/gongyidream/</url>
7    <url>http://gongyi.sohu.com/20120730/n349358066.shtml</url>
8    <url>http://gongyi.sohu.com/s2009/xianxue/</url>
9    <url>http://gongyi.sohu.com/20120718/n348484276.shtml</url>
10   <url>http://gongyi.sohu.com/s2009/cishandaohang/</url>
11   <url>http://gongyi.sohu.com/20120716/n348252252.shtml</url>
12   <url>http://gongyi.sohu.com/s2009/redcross/</url>
13   <url>http://gongyi.sohu.com/s2009/nongmingongzi/</url>
14   <url>http://gongyi.sohu.com/s2009/qiangzuhechangtuan/</url>
15   <url>http://gongyi.sohu.com/20120713/n348090629.shtml</url>
16   <url>http://gongyi.sohu.com/20120614/n345599477.shtml</url>
17   <url>http://gongyi.sohu.com/s2010/zggy/index.shtml</url>
18   <url>http://gongyi.sohu.com/20120620/n346152981.shtml</url>
```

图 7-3　新闻地址转换编码后的预览内容

打开保存的文档,文件名为 corpus_title. txt,效果如图 7-4 所示。

```
corpus_title.txt ×
1    <contenttitle>深圳地铁将设立ⅤⅠＰ头等车厢　买双倍票可享坐票</contenttitle>
2    <contenttitle>爸爸为女儿百万建幼儿园　消防设施３年仍不过关</contenttitle>
3    <contenttitle>中国西部是地球上主要干旱带之一,妇女是当地劳动力...</contenttitle>
4    <contenttitle>思源焦点公益基金救助孩子:永康</contenttitle>
5    <contenttitle>康师傅回应转卖废弃茶叶:下家承诺用废料做枕头</contenttitle>
6    <contenttitle>活动时间:</contenttitle>
7    <contenttitle>失独父母中年遇独子夭折　称不怕死亡怕养老生病</contenttitle>
8    <contenttitle>全民健康生活方式　健康血压活动</contenttitle>
9    <contenttitle>中华儿慈会-"童缘"第三期资助项目公示名单</contenttitle>
10   <contenttitle>5.12灾后重建资助项目投票评选</contenttitle>
11   <contenttitle>以书为友,知行合一--2012年小桔灯湖北站</contenttitle>
12   <contenttitle>博爱周活动时间:</contenttitle>
13   <contenttitle>艾滋病反歧视创意大赛</contenttitle>
14   <contenttitle>"金葵花"羌族少儿合唱团公益活动</contenttitle>
15   <contenttitle>视频征集入围短片</contenttitle>
16   <contenttitle>15所学校过初选　甘肃1197名山里娃有望穿上新鞋</contenttitle>
17   <contenttitle>2010地球一小时</contenttitle>
18   <contenttitle>2012年"中国爱心城市"公益活动举行新闻发布会</contenttitle>
19   <contenttitle>北京回应租自行车暂限京籍　将向所有人开放</contenttitle>
```

图 7-4　新闻标题转换编码后的预览内容

7.3　使用 mysql 存储数据

将新闻的基本信息存入 mysql 数据库,由于数据量比较大,可以使用编程的方式,将 7.2 节提取出来的 txt 文本的数据存储在 mysql 数据库中。

首先连接数据库。这里连接的数据库是 mysql 的默认数据库"mysql",这个数据库是一定存在的。然后利用游标操作数据库。判断要创建的数据库是否存在,如果存在,则先删除原数据库,再重新创建数据库,插入文本中抽取的数据。此操作是为了防止反复执行创建数据文件出现的问题。完成数据库的创建之后,再创建表,本例案创建了新闻的内容、链接、标题 3 个数据表,直接利用获取的 txt 文本的内容,插入数据到 3 个数据表中。

将文本数据导入 mysql 的实现过程可以参考下面的代码,读者可以根据自己的数据格式进行调试。

```python
# -*- coding: utf-8 -*-
__author__ = 'Shuibing'
__date__ = '2020/6/18 12:23'


import pymysql
import re


db = pymysql.connect(host = 'localhost',user = 'root',password = '123456',db = 'mysql',cursorclass = pymysql.cursors.SSDictCursor)
cursor = pymysql.cursors.SSCursor(db)
"""
database_create(cursor,database)
输入:操作游标,要创建的数据库
判断:要创建的数据库是否存在,不存在则直接创建;存在则删除原数据库再创建,保证创建的数据库是新的,没有表的
输出:创建了新的空数据库 database
"""
# 判断数据库是否存在
def database_create(cursor,database):
    sql = "show databases"
    cursor.execute(sql)
    databases = [cursor.fetchall()]
    databases_list = re.findall('(\'.*?\')',str(databases))
    databases_list = [re.sub("'","",each)for each in databases_list]
    if database in databases_list:
        sql = "Drop database " + database
```

```python
            cursor.execute(sql)
            db.commit()
        # 创建数据库
        sql = "CREATE DATABASE IF NOT EXISTS " + database
        try:
            cursor.execute(sql)
            cursor.execute("use " + database)
            db.commit()
            print("Successfully added database ",database)
        except:
            db.rollback()
        print("Successfully added database ",database)


#判断表是否存在,不存在则创建表
def table_create (cursor,table, * createTable):
    sql = "show tables"
    cursor.execute(sql)
    tables = cursor.fetchall()
    tables_list = re.findall('(\'. * ? \')',str(tables))
    tables_list = [re.sub("'","",each)for each in tables_list]
    if table in tables_list:
        print("table ",table," exists")
    else:
        try :
            sql = createTable[0]
            cursor.execute(sql)
            db.commit()
            print("Successfully added table ",table)
        except:
            db.rollback()
            print("UnSuccessfully added table ",table)


if __name__ == "__main__":
    # 先判断数据库是否存在,如果存在则删除数据库,然后再创建数据库;如果不存在
则直接创建数据库
    database_create(cursor, "cb_news")
    #表名
    table1 = "news_content"
    table2 = "news_url"
    table3 = "news_title"
```

```python
def PrintListChinese(list):
    for i in range(len(list)):
        print(list[i])
# jieba 分词
fileTrainSeg = []
for i in range(len(fileTrainRead)):
    fileTrainSeg.append([''.join(list(jieba.cut(fileTrainRead[i][9:-11], cut_
all = False)))])
    if i % 100 == 0:
        print(i)
# 测试分词结果
# PrintListChinese(fileTrainSeg[10])
# 保存数据
with open(fileSegWordDonePath, 'wb') as fW:
    for i in range(len(fileTrainSeg)):
        fW.write(fileTrainSeg[i][0].encode('utf-8'))
        fW.write('\n'.encode("utf-8"))
```

可以得到文件名为 corpus_seg. txt 的文件,需要注意的是,对于读入文件的每一行,使用结巴分词的时候,并不是从头到结尾全部都进行分词,而是对[9:-11]进行分词(如行 22 中所示:fileTrainRead[i][9:-11]),因为在 SogouCS 原始数据集中,有起始的< content > 和结尾的</content >,需要将其去掉。

得到如图 7-5 所示的结果。

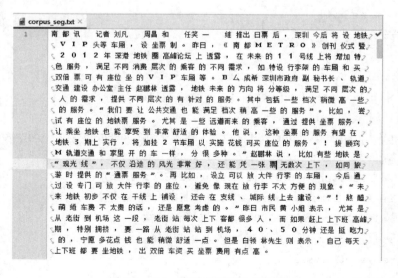

图 7-5　jieba 分词之后的结果预览

7.5　基于 TF-IDF 的推荐

在 ContentRecommend 类中定义了变量 db，用于数据库链接，cursor 变量为 mysql 数据的游标，recommend_count 变量为根据输入的新闻编号，为当前新闻推荐其他类似的新闻，本案例的数据集一共有 200 则新闻，最多可推荐的新闻数为 199 则。变量 all_count 用来约束用于推荐的新闻总量，此变量的目的是在数据集较大的情况下，防止计算量过大，设置在一定范围内进行推荐计算。

函数 reload_data 用于加载 mysql 数据库的数据，并对每则新闻进行分词，去除非中文字符、停用词之后，保存于 corpus 列表中。函数 get_similar_news_id 的主要功能是计算 tfidf 权值、余弦相似度并进行排序推荐。使用 sklearn 库中自带的 TfidfVectorizer 函数可以计算出每则新闻中每个词语的 tfidf 权值，tfidf 权值形成的权重矩阵是一个非常稀疏的矩阵。使用 sklearn 库中的 pairwise_distances 方法，返回两则新闻的余弦距离，余弦距离＝1－余弦相似度，传入一个变量 tfidf 时，返回数组的第 i 行第 j 列表示 tfidf[i] 与 tfidf[j] 的余弦距离。

```python
# - * - coding: utf-8 - * -
import jieba
from pandas import *
from sklearn.metrics import pairwise_distances
from bs4 import BeautifulSoup
from sklearn.feature_extraction.text import TfidfTransformer, TfidfVectorizer,
CountVectorizer
import numpy as np
import pymysql
import re


class ContentRecommend(object):
    def __init__(self):
        db = pymysql.connect(host='localhost', user='root', password='123456',
db='cb_news', cursorclass=pymysql.cursors.SSDictCursor)
        self.cursor = pymysql.cursors.SSCursor(db)
        self.recommend_count = 10   # 推荐的新闻数量 1～199
        self.all_count = 200   # 约束新闻总量
        self.reload_data()   # 载入数据
    def reload_data(self):
        corpus = []
        sql = "select a.news_id,cc.news_title as title,a.content,b.source_url
as url from news_content as a left join news_url as b on a.news_id = b.news_id left join
news_title as cc on a.news_id = cc.news_id"
```

```
            self.cursor.execute(sql)
            self.df = DataFrame(list(self.cursor.fetchall()),
columns = ['news_id','title','content','url'])
        # 匹配中文分词,并去除停用词
        zhPattern = re.compile(u'[\u4e00-\u9fa5]+')
        for index, row in self.df[0:self.all_count].iterrows():
            # print(index)
            content = row['content']
            # print(content)
            bs = BeautifulSoup(content, "html.parser")
            segments = []
            segs = jieba.cut(bs.text) # jieba 分词
            # 加载停用词
            stopwords = [line.strip() forline in open('data/stopwords.txt', en-
coding = "utf-8").readlines()]  # 加载停用词
                for seg in segs:
                    if zhPattern.search(seg): # 匹配中文分词
                        if seg not in stopwords:  # 不在停用词表中(去除停用词)
                            segments.append(seg)
            corpus.append(''.join(segments))
        return corpus
    def get_similar_news_id(self, news_id):
        # 计算 tfidf 权值,写法一:
        vectorizer = TfidfVectorizer()  # 该类会统计每个词语的 tfidf 权值
        tfidf = vectorizer.fit_transform(self.reload_data())  # fit_trans-
form 计算 tfidf 权值
        # 写法二:下面 3 句实现 tfidf 权值的计算
        # vectorizer = CountVectorizer()  # 该类会将文本中的词语转换为词频
矩阵,矩阵元素 a[i][j] 表示 j 词在 i 类文本下的词频
        # transformer = TfidfTransformer()  # 该类会统计每个词语的 tfidf 权值
        # tfidf = transformer.fit_transform(vectorizer.fit_transform(corpus))
        # 第一个 fit_transform 计算 tfidf 权值,第二个 fit_transform 将文本转换为词
频矩阵
        words = vectorizer.get_feature_names()  # 获取词袋模型中的所有词语
        print("词汇数量:", len(words))  # 输出词汇数量
        print(vectorizer.vocabulary_)
        # 得到 tfidf 矩阵,使用稀疏矩阵表示
        a = tfidf.todense()
        # print(a[:6][:6])
        # 计算余弦距离(1 - 余弦相似度)
        distance_matrix = pairwise_distances(tfidf,metric = 'cosine')
```

115

```
    for index, item in enumerate(distance_matrix):
        if self.df.iloc[index, 0] == int(news_id):
            b = np.argsort(item)[1:self.recommend_count + 1]    # 余弦距离
```
按从小到大的顺序排列，也就是取前面 k = 10 个相似度最大的，0 没有取，是本则新闻
```
            print(" = " * 10 + "与%s相似的文章有:" % self.df.iloc[index,
0] + "(标题:%s)" % self.df.iloc[index, 1] + "(链接地址:%s)" % self.df.iloc[in-
dex, 3] + " = " * 10)
            for index_2 in b:
                print(self.df.iloc[index_2, 0], "余弦相似度:%s" % (1-i-
tem[index_2]), "标题:%s" % self.df.iloc[index_2, 1], "链接地址:%s" % self.df.
iloc[index_2, 3])
    if __name__ == '__main__':
        news_id = input('输入 newsid:')    # 新闻 id:1~200
        ContentRecommend().get_similar_news_id(news_id)
```

经过以上的推荐过程，输入访问的新闻 id，输出本则新闻的标题、链接地址，以及推荐的新闻与本则新闻的余弦相似度，按照相似度进行排名，推荐 recommend_count 则新闻，并输出相关信息。图 7-6 所示为输出结果示例。

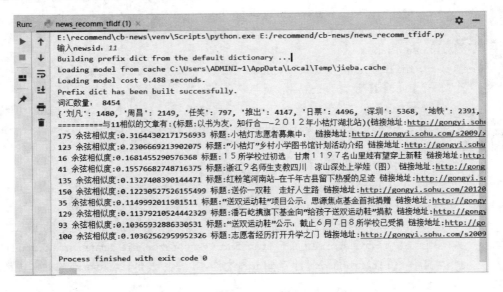

图 7-6　基于 TF-IDF 推荐的结果预览

7.6　训练词向量

本案例使用 Word2Vec 模型进行词向量的训练，Word2Vec 的原理这里不再讲解，这里给个实例，基于上面处理好的语料训练词向量，使用的工具是 Gensim 中自带的 Word2Vec 模型。

```python
import logging
import gensim.models as word2vec
from gensim.models.word2vec import LineSentence


def train_word2vec(dataset_path, model_path, size = 100, window = 5, binary = True):
    logging.basicConfig(format ='%(asctime)s : %(levelname)s : %(message)s', level = logging.INFO)
    # 把语料变成句子集合
    sentences = LineSentence(dataset_path)
    # 训练 Word2Vec 模型
    model = word2vec.Word2Vec(sentences, size = size, window = window, min_count = 5, workers = 4, iter = 10)
    # 保存 Word2Vec 模型
    if binary:
        model.wv.save_word2vec_format(model_path, binary = True)
    else:
        model.wv.save_word2vec_format(model_path, binary = False)
def load_word2vec_model(w2v_path):
    # load word2vec
    model = word2vec.KeyedVectors.load_word2vec_format(w2v_path, binary = True)
    return model
def calculate_most_similar(model, word):
    similar_words = model.most_similar(word)
    print(word)
    for term in similar_words:
        print(term[0], term[1])
dataset_path = "corpusSegDone.txt"
save_model_path = "corpusWord2Vec.bin" # save_binary = True
# save_model_path = "word2vec_model.txt" # save_binary = False

train_word2vec(dataset_path, save_model_path, size = 100, window = 5, binary = True)
model = load_word2vec_model('corpusWord2Vec.bin')
print(model.vectors)
```

下面两条语句显示并使用词向量：

```python
model = load_word2vec_model('corpusWord2Vec.bin')
print(model.vectors)
```

可以得到如下结果：

$$
\begin{aligned}
&[[-0.53381675 \ -0.6310191 \quad -0.32027665 \ldots -0.7483765 \quad -0.4049261 \\
&\quad -0.26475802] \\
&[-0.50585294 \ -0.55176425 \ -0.43067744 \ldots -0.5769713 \quad -0.4470402 \\
&\quad -0.0449621 \ ] \\
&[-0.26474637 \ -0.37119573 \ -0.4720975 \quad \ldots -0.43022496 \ -0.22169043 \\
&\quad 0.0797147 \ ] \\
&\ldots \\
&[-0.07335193 \ -0.12892756 \ -0.1190929 \quad \ldots -0.13582185 \ -0.05991852 \\
&\quad -0.01385908] \\
&[-0.06375736 \ -0.14762202 \ -0.14529145 \ldots -0.16946712 \ -0.03522228 \\
&\quad -0.03477063] \\
&[-0.07332142 \ -0.1179157 \quad -0.1142934 \quad \ldots -0.12494139 \ -0.06559131 \\
&\quad -0.00316908]]
\end{aligned}
$$

词向量模型训练完成后，将词向量模型生成的 bin 文件转换为 txt 格式的文本。

```python
import codecs
import gensim
def bin2txt(path_to_model, output_file):
    output = codecs.open(output_file,'w','utf-8')
    model = gensim.models.KeyedVectors.load_word2vec_format(path_to_model,
binary = True)
    print('Done loading Word2Vec! ')
    vocab = model.vocab
    for item in vocab:
        vector = list()
        for dimension in model[item]:
            vector.append(str(dimension))
        vector_str = ",".join(vector)
        line = item + "\t"  + vector_str
        output.writelines(line + "\n")
    output.close()
save_model_path = 'corpusWord2Vec.bin'
output_file = 'corpusWord2Vec.txt'
bin2txt(save_model_path, output_file)
```

结果显示如图 7-7 所示。

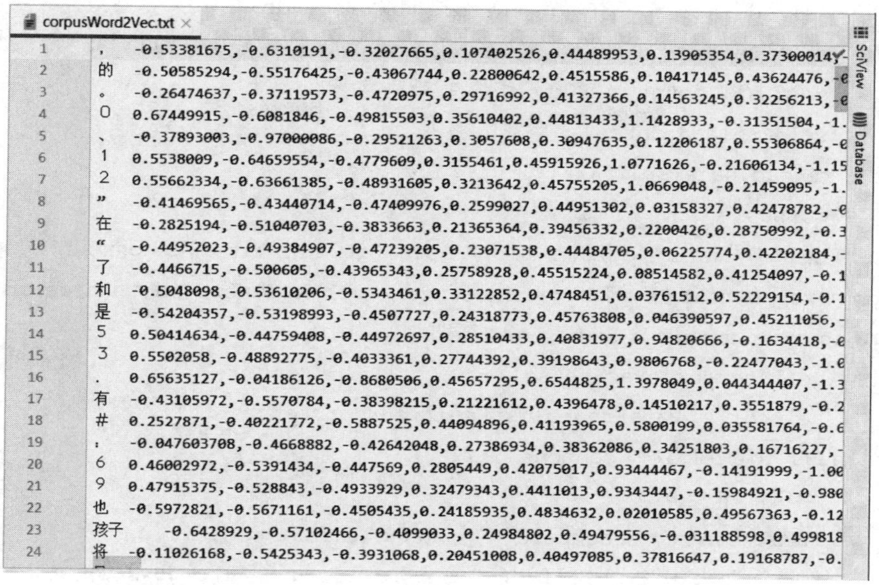

```
corpusWord2Vec.txt
,  -0.53381675,-0.6310191,-0.32027665,0.107402526,0.44489953,0.13905354,0.37300014
的 -0.50585294,-0.55176425,-0.43067744,0.22800642,0.4515586,0.10417145,0.43624476,-0
。 -0.26474637,-0.37119573,-0.4720975,0.29716992,0.41327366,0.14563245,0.32256213,-0
0  0.67449915,-0.6081846,-0.49815503,0.35610402,0.44813433,1.1428933,-0.31351504,-1.
、 -0.37893003,-0.97000086,-0.29521263,0.3057608,0.30947635,0.12206187,0.55306864,-0
1  0.5538009,-0.64659554,-0.4779609,0.3155461,0.45915926,1.0771626,-0.21606134,-1.15
2  0.55662334,-0.63661385,-0.48931605,0.3213642,0.45755205,1.0669048,-0.21459095,-1.
”  -0.41469565,-0.43440714,-0.47409976,0.2599027,0.44951302,0.03158327,0.42478782,-0
在 -0.2825194,-0.51040703,-0.3833663,0.21365364,0.39456332,0.2200426,0.28750992,-0.3
“  -0.44952023,-0.49384907,-0.47239205,0.23071538,0.44484705,0.06225774,0.42202184,-
了 -0.4466715,-0.500605,-0.43965343,0.25758928,0.45515224,0.08514582,0.41254097,-0.1
和 -0.5048098,-0.53610206,-0.5343461,0.33122852,0.4748451,0.03761512,0.52229154,-0.1
是 -0.54204357,-0.53198993,-0.4507727,0.24318773,0.45763808,0.046390597,0.45211056,-
5  0.50414634,-0.44759408,-0.44972697,0.28510433,0.40831977,0.94820666,-0.1634418,-0
3  0.5502058,-0.48892775,-0.4033361,0.27744392,0.39198643,0.9806768,-0.22477043,-1.0
.  0.65635127,-0.04186126,-0.8680506,0.45657295,0.6544825,1.3978049,0.044344407,-1.3
有 -0.43105972,-0.5570784,-0.38398215,0.21221612,0.4396478,0.14510217,0.3551879,-0.2
#  0.2527871,-0.40221772,-0.5887525,0.44094896,0.41193965,0.5800199,0.035581764,-0.6
:  -0.047603708,-0.4668882,-0.42642048,0.27386934,0.38362086,0.34251803,0.16716227,-
6  0.46002972,-0.5391434,-0.447569,0.2805449,0.42075017,0.93444467,-0.14191999,-1.00
9  0.47915375,-0.528843,-0.4933929,0.32479343,0.4411013,0.9343447,-0.15984921,-0.980
也 -0.5972821,-0.5671161,-0.4505435,0.24185935,0.4834632,0.02010585,0.49567363,-0.12
孩子    -0.6428929,-0.57102466,-0.4099033,0.24984802,0.49479556,-0.031188598,0.499818
将 -0.11026168,-0.5425343,-0.3931068,0.20451008,0.40497085,0.37816647,0.19168787,-0.
```

图 7-7　Word2Vec 模型词向量训练的结果预览

7.7　基于 Word2Vec 的推荐

根据 7.4 节中训练的模型，加载 Word2Vec 模型的词向量结果，根据用户选择的新闻 id，推荐给用户 Top-*N* 的新闻。在这里需要根据分词后的词语相似度，计算每则新闻的相似度，使用的方法是 WMD 方法，将每则新闻中的词语向量进行加权求和，得到新闻的向量表示。在 Python 的 Gensim 库中 WmdSimilarity 方法能够直接计算出两则新闻的相似度。可参考下面的代码。

```
# -*- coding: utf-8 -*-
import jieba
from pandas import *
from bs4 import BeautifulSoup
from gensim.models import Word2Vec,KeyedVectors
from gensim.similarities import WmdSimilarity
import pymysql
import re


class ContentRecommend(object):
    def __init__(self):
        db = pymysql.connect(host='localhost', user='root',password='123456',
db='cb_news',cursorclass=pymysql.cursors.SSDictCursor)
```

```python
        self.cursor = pymysql.cursors.SSCursor(db)
        self.recommend_count = 10    #推荐的新闻数量1~199
        self.all_count = 200    #约束新闻总量
        self.reload_data()    #载入数据
    def reload_data(self):
        corpus = []
        sql = "select a.news_id,cc.news_title as title,a.content,b.source_url
as url from news_content as a left join news_url as b on a.news_id = b.news_id left join
news_title as cc on a.news_id = cc.news_id"
        self.cursor.execute(sql)
        self.df = DataFrame(list(self.cursor.fetchall()),
columns = ['news_id','title','content','url'])
        # 匹配中文分词
        zhPattern = re.compile(u'[\u4e00-\u9fa5]+')
        for index, row in self.df[0:self.all_count].iterrows():
            # print(index)
            content = row['content']
            # print(content)
            bs = BeautifulSoup(content, "html.parser")
            segments = []
            segs = jieba.cut(bs.text) #jieba分词
            for seg in segs:
                if zhPattern.search(seg): #匹配中文分词
                    segments.append(seg)
            corpus.append(''.join(segments))
        return corpus
    def get_similar_news_id(self, news_id):
        # w2v_model = Word2Vec(self.reload_data(), workers = 3, size =
100) #直接进行训练
        model_file = 'data/corpusWord2Vec.bin'
        w2v_model = KeyedVectors.load_word2vec_format(model_file, binary =
True) #加载模型
        # Initialize WmdSimilarity.
        num_best = self.recommend_count + 1
        instance = WmdSimilarity(self.reload_data(), w2v_model, num_best = 20)
        sent = self.reload_data()[int(news_id)-1]
        sent_w = list(sent.split())
        #加载停用词
        stopwords = [line.strip() for line in open('data/stopwords.txt', enco-
ding = "utf-8").readlines()]
```

```
        query = [w for w in sent_w if not w in stopwords]
        sims = instance[query]
        print("当前新闻内容:",sent)
        print('推荐结果:')
        for i in range(num_best):
            if self.reload_data()[sims[i][0]] != sent:
                print('相似度为: %.4f' % sims[i][1])
                print(self.reload_data()[sims[i][0]])
if __name__ == '__main__':
    news_id = input('输入 newsid:') # 新闻 id:1～200
    ContentRecommend().get_similar_news_id(news_id)
```

在上述的推荐过程中,首先输入用户选择的新闻 id,根据此则新闻,为用户推荐相似度最高的 Top-N 则新闻。本案例仅简单地输出新闻分词后的结果,读者可以根据自己的需求显示其他的新闻相关数据,或者设计前端页面。

最终的推荐结果如图 7-8 所示。

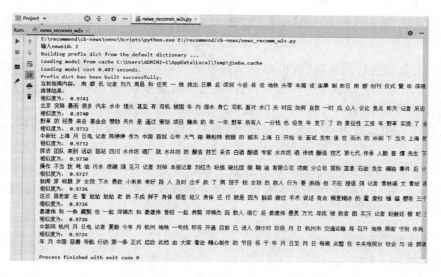

图 7-8　基于 Word2Vec 的内容推荐结果

第8章　基于用户的协同过滤推荐案例

基于用户的协同过滤推荐算法根据相邻用户预测当前用户没有偏好的未涉及物品,计算得到一个排序的物品列表并进行推荐。不同的数据、不同的程序员写出的协同过滤推荐算法不同,但其核心是一致的,本章实现基于用户的协同过滤推荐的过程。当然这不是工业级的推荐系统,工业级的推荐系统会考虑更多的细节。

8.1　导　入　数　据

① 首先对数据进行预处理,获得用户偏好矩阵。本案例使用了模拟的数据,模拟了用户对商品的评分矩阵。行标签为用户编号,列标签为物品编号,评分矩阵的分数为1~5分不等。

② 其次找到相似用户,计算用户与用户之间的相似度矩阵。

③ 最后计算相似度并进行排序。根据用户相似度矩阵,为用户推荐加权分数最高的Top-N的物品。

对用户商品评分矩阵中的未评分的数据用分数0进行替换,将其存储为新的评分矩阵。函数 load_data(file_path)的功能相对简单,如果替换成其他数据,读者自行整理用户商品评分矩阵即可。

```
# coding:UTF-8
import numpy as np
def load_data(file_path):
    '''导入用户商品数据
    input:  file_path(string):用户商品数据存放的文件
    output: data(mat):用户商品矩阵
    '''
    f = open(file_path)
    data = []
    for line in f.readlines():
        lines = line.strip().split("\t")
        tmp = []
        for x in lines:
```

```
                if x != "-":
                    tmp.append(float(x))    # 直接存储用户对商品的打分
                else:
                    tmp.append(0)
            data.append(tmp)
        f.close()
    return np.mat(data)
```

数据加载并处理之后得到规范的用户对物品的评分矩阵,本案例中的模拟数据如下:

```
-------------导入数据 -------------
[[4. 3. 0. 5. 0. 5. 1. 0. 2. 0. 3.]
 [5. 0. 4. 4. 0. 3. 3. 0. 3. 5. 4.]
 [4. 0. 5. 0. 3. 2. 2. 2. 2. 4. 3.]
 [2. 3. 0. 1. 0. 1. 3. 1. 0. 5. 2.]
 [0. 4. 2. 0. 5. 0. 0. 3. 0. 0. 4.]
 [3. 5. 5. 4. 4. 0. 0. 0. 2. 0. 0.]
 [0. 2. 0. 0. 0. 5. 0. 0. 3. 0. 0.]]
```

8.2　用户相似度计算

函数 $\cos\_sim(x, y)$ 计算两个向量 x 和 y 之间的余弦相似度,$similarity(data)$ 函数将导入的用户商品评分矩阵(本案例中为 7×11 的矩阵),以行向量的形式计算每行之间的相似度,即用户之间的相似度,最终得到用户相似度矩阵(本案例中为 7×7 的矩阵)。

```
def cos_sim(x, y):
    '''余弦相似性
    input:   x(mat):以行向量的形式存储,可以是用户或者商品
             y(mat):以行向量的形式存储,可以是用户或者商品
    output: x 和 y 之间的余弦相似度
    '''
    numerator = x * y.T    # x 和 y 之间的内积
    denominator = np.sqrt(x * x.T) * np.sqrt(y * y.T)
    return (numerator / denominator)[0, 0]
def similarity(data):
    '''计算矩阵中任意两行之间的相似度
    input:   data(mat):任意矩阵
    output:  w(mat):任意两行之间的相似度
    '''
    m = np.shape(data)[0]    # 用户的数量
    # 初始化相似度矩阵
```

```
    w = np.mat(np.zeros((m, m)))
    for i in range(m):
        for j in range(i, m):
            if j != i:
                #计算任意两行之间的相似度
                w[i, j] = cos_sim(data[i, ], data[j, ])
                w[j, i] = w[i, j]
            else:
                w[i, j] = 0
return w
```

本案例中的用户仅有 7 个,读者可以自行扩展。下面是得到的用户与用户之间的相似度矩阵,这是一个对称矩阵,对角线元素都为 0,表示用户与自身之间不计算相似度。

```
------------计算用户之间的相似性-------------
[[0.          0.7205491   0.45558368 0.51929079 0.30406555 0.55464279   0.63623114]
 [0.7205491  0.          0.84385302 0.71812513 0.25657079 0.52306787   0.3482286 ]
 [0.45558368 0.84385302 0.          0.62767539 0.53876421 0.5700243    0.27208681]
 [0.51929079 0.71812513 0.62767539 0.          0.37409503 0.34904492   0.24283093]
 [0.30406555 0.25657079 0.53876421 0.37409503 0.          0.61313934   0.15511335]
 [0.55464279 0.52306787 0.5700243  0.34904492 0.61313934 0.   0.26629707]
 [0.63623114 0.3482286  0.27208681 0.24283093 0.15511335 0.26629707   0.        ]]
```

8.3　物品评分排名

基于用户的推荐函数的输入数据包括 3 项:data、w 和 user。其中,输入 data 是用户商品评分矩阵,将原始数据中的"—"(减号)替换成 0;输入 w 是用户与用户之间的相似度矩阵,在本案例中是一个 7×7 的矩阵;输入 user 表示对哪个用户进行推荐,本案例中一共有 7 个用户,user 的编号为 0~6。

```
def user_based_recommend(data, w, user):
    '''基于用户相似性为用户 user 推荐商品
    input:  data(mat):用户商品评分矩阵
            w(mat):用户之间的相似度
            user(int):用户的编号
    output: predict(list):推荐列表
    '''
    m, n = np.shape(data)
    interaction = data[user, ]   #用户 user 与商品信息

    # 1. 找到用户 user 没有互动过的商品
```

```
        not_inter = []
        for i in range(n):
            if interaction[0, i] == 0:  #没有互动的商品
                not_inter.append(i)


    # 2. 对没有互动过的商品进行预测
    predict = {}
    for x in not_inter:
        item = np.copy(data[:, x])  #找到所有用户对商品 x 的互动信息
        for i in range(m):  #对每一个用户
            if item[i, 0] != 0:  #若该用户对商品 x 有过互动
                if x not in predict:
                    predict[x] = w[user, i] * item[i, 0]
                else:
                    predict[x] = predict[x] + w[user, i] * item[i, 0]
    # 3. 按照预测的分数从大到小排序
    return sorted(predict.items(), key = lambda d:d[1], reverse = True)
deftop_k(predict, k):
    '''为用户推荐前 k 个商品
    input:  predict(list):排好序的商品列表
            k(int):推荐的商品个数
    output: top_recom(list):top_k 个商品
    '''
    top_recom = []
    len_result = len(predict)
    if k >= len_result:
        top_recom = predict
    else:
        for i in range(k):
            top_recom.append(predict[i])
return top_recom
```

　　基于上述推荐物品的评分,预测出物品的评分加权和,推荐总数为当前用户未评分的物品数。测试代码,为用户 0 进行推荐,得到的当前用户的向量为[4 3 0 5 0 5 5 1 0 2 0 3],未评分的物品编号是[2,4,7,9],即对第 2、4、7、9 号物品用户未进行评分,这些物品都可以推荐给用户,通过计算这些物品的评分加权和,对这些将要推荐的物品进行排序。排序后的结果为:[(2, 8.541 459 849 687 753),(9, 8.021 534 169 802 916),(4, 5.105 649 938 450 658),(7, 2.342 654 794 887 83)]。在这个排序列表中,选出前 n 个物品进行推荐。

8.4　推荐主函数

编写推荐主函数,导入测试数据文件 data. txt,使用上文定义的 similarity 函数计算两个用户之间的相似度。根据用户之间的相似度对评分进行加权计算,推荐 Top-N 的物品给用户。

```
if __name__ == "__main__":
    # 1. 导入用户商品数据
    print("------------导入数据 ------------")
    data = load_data("data.txt")
    print(data)
    # 2. 计算用户之间的相似性
    print("------------计算用户之间的相似性 -------------")
    w = similarity(data)
    print(w)
    # 3. 利用用户之间的相似性进行推荐
    print("------------利用用户之间的相似性进行推荐 ------------")
    predict = user_based_recommend(data, w, 0)
    print(predict)
    # 4. 进行 Top-K 推荐
    print("------------进行 Top-K 推荐 ------------")
    top_recom = top_k(predict, 2)
    print(top_recom)
```

根据函数 user_based_recommend(data,w,0)为 0 号用户推荐其未进行评分的物品,根据函数 top_k(predict,2)推荐相似度较高的 2 个物品。首先计算出用户与用户的相似度矩阵,对于本案例,对用户 0 进行推荐,即观察用户 0 对每个物品的评分,对于用户 0 没有进行评分的物品,分别计算其他用户对这些物品的评分加权和,排名靠前的将进行推荐。推荐前 2 个物品的结果如下:

```
------------进行 Top-K 推荐 ------------
[(2, 8.541459849687753), (9, 8.021534169802916)]
```

第9章 基于物品的协同过滤推荐案例

9.1 基 本 概 念

基于物品的协同过滤类似于基于用户的协同过滤,将用户-物品(user-item)矩阵转换为物品-物品(item-item)矩阵,计算物品与物品之间的相似度,再根据用户的喜好,推荐与之喜好相似的物品。举例说明:喜欢物品 A 的用户都喜欢物品 C,那么可以知道物品 A 与物品 C 的相似度很高,如果用户 C 喜欢物品 A,那么可以推断出用户 C 也可能喜欢物品 C。

本案例中基于物品的协同过滤的数据使用的是第 8 章中基于用户的协同过滤的数据,函数也与第 8 章的基本一致,具体的讲解请参考第 8 章。

9.2 基于物品的推荐

基于物品的协同过滤的过程也分为 3 个步骤。

① 首先对数据进行预处理,获得用户偏好矩阵。

② 其次找到相似物品。对用户商品评分矩阵(即 data 矩阵)进行转置,同样用 similarity (data)函数计算两个物品向量的相似度。最终得到物品与物品的相似度矩阵。

③ 最后根据物品的相似度,对每个要推荐的物品计算评分的加权和,权值为对应物品的相似度,将最后的评分由大到小进行排序,推荐前 n 个结果即可。

具体实现过程可以参考下面的代码。

```
# coding:UTF-8
import numpy as np
def load_data(file_path):
    '''导入用户商品数据
    input:file_path(string):用户商品数据存放的文件
    output: data(mat):用户商品矩阵
    '''
    f = open(file_path)
```

```
        data = []
        for line in f.readlines():
            lines = line.strip().split("\t")
            tmp = []
            for x in lines:
                if x != "-":
                    tmp.append(float(x))    #直接存储用户对商品的打分
                else:
                    tmp.append(0)
            data.append(tmp)
        f.close()
        return np.mat(data)
    def cos_sim(x, y):
        '''余弦相似性
        input:  x(mat):以行向量的形式存储,可以是用户或者商品
                y(mat):以行向量的形式存储,可以是用户或者商品
        output: x 和 y 之间的余弦相似度
        '''
        numerator = x * y.T    # x和y之间的内积
        denominator = np.sqrt(x * x.T) * np.sqrt(y * y.T)
        return (numerator / denominator)[0, 0]
    def similarity(data):
        '''计算矩阵中任意两行之间的相似度
        input:  data(mat):任意矩阵
        output: w(mat):任意两行之间的相似度
        '''
        m = np.shape(data)[0]   #用户的数量
        #初始化相似度矩阵
        w = np.mat(np.zeros((m, m)))
        for i in range(m):
            for j in range(i, m):
                if j != i:
                    #计算任意两行之间的相似度
                    w[i, j] = cos_sim(data[i,], data[j,])
                    w[j, i] = w[i, j]
                else:
                    w[i, j] = 0
        return w
    defitem_based_recommend(data, w, user):
        '''基于商品相似度为用户 user 推荐商品
```

```
    input：  data(mat):商品用户矩阵
             w(mat):商品与商品之间的相似性
             user(int):用户的编号
    output: predict(list):推荐列表
    '''
    m, n = np.shape(data) # m:商品数量。n:用户数量
    interaction = data[:,user].T # 用户 user 的互动商品信息
    # 1. 找到用户 user 没有互动的商品
    not_inter = []
    for i in range(n):
        if interaction[0, i] == 0：#用户 user 未打分项
            not_inter.append(i)
    # 2. 对没有互动过的商品进行预测
    predict = {}
    for x in not_inter:
        item = np.copy(interaction) # 获取用户 user 对商品的互动信息
        for j in range(m)：#对每一个商品
            if item[0, j] != 0：#利用互动过的商品进行预测
                if x not in predict:
                    predict[x] = w[x, j] * item[0, j]
                else:
                    predict[x] = predict[x] + w[x, j] * item[0, j]
    #按照预测的分数从大到小进行排序
    return sorted(predict.items(), key = lambda d:d[1], reverse = True)
def top_k(predict, k):
    '''为用户推荐前 k 个商品
    input：  predict(list):排好序的商品列表
             k(int):推荐的商品个数
    output: top_recom(list):top_k 个商品
    '''
    top_recom = []
    len_result = len(predict)
    if k >= len_result:
        top_recom = predict
    else:
        for i in range(k):
            top_recom.append(predict[i])
    return top_recom
if __name__ == "__main__":
    # 1. 导入用户商品数据
```

```
print("------------ 载入数据------------")
data = load_data("data.txt")
# 将用户商品评分矩阵转置成商品用户矩阵
data = data.T
# 2. 计算商品之间的相似性
print("------------计算商品之间的相似性-------------")
w = similarity(data)
# 3. 利用用户之间的相似性进行预测评分
print("------------利用用户之间的相似性进行预测评分------------")
predict = item_based_recommend(data, w, 0)
# 4. 进行 Top-K 推荐
print("------------ top_k 推荐------------")
top_recom = top_k(predict, 2)
print(top_recom)
```

最终的推荐结果读者可以参考下面的示例,该示例表示的是为用户 0 推荐前 2 个物品,输出推荐物品的编号和推荐物品最终的加权评分值。

```
------------载入数据------------
[[4. 5. 4. 2. 0. 3. 0.]
 [3. 0. 0. 3. 4. 5. 2.]
 [0. 4. 5. 0. 2. 5. 0.]
 [5. 4. 0. 1. 0. 4. 0.]
 [0. 0. 3. 0. 5. 4. 0.]
 [5. 3. 2. 1. 0. 0. 5.]
 [1. 3. 2. 3. 0. 0. 0.]
 [0. 0. 2. 1. 3. 0. 0.]
 [2. 3. 2. 0. 0. 2. 3.]
 [0. 5. 4. 5. 0. 0. 0.]
 [3. 4. 3. 2. 4. 0. 0.]]
------------计算商品之间的相似性-------------
[[0.         0.49692935 0.78571429 0.84748251 0.40567404 0.67231609
  0.8224339  0.31943828 0.80740619 0.75032461 0.78072006]
 [0.49692935 0.         0.49692935 0.62863611 0.71269665 0.44095855
  0.31524416 0.50507627 0.50604808 0.23262105 0.53148932]
 [0.78571429 0.49692935 0.         0.56498834 0.76063883 0.32868787
  0.54828926 0.51110125 0.69829725 0.58848989 0.63433505]
 [0.84748251 0.62863611 0.56498834 0.         0.29711254 0.62370556
  0.54758568 0.03509312 0.71919495 0.40406761 0.58966189]
 [0.40567404 0.71269665 0.76063883 0.29711254 0.         0.10606602
  0.17693035 0.79372539 0.36147845 0.20889319 0.55810526]
```

```
[0.67231609 0.44095855 0.32868787 0.62370556 0.10606602 0.
  0.54735034 0.16703828 0.86722738 0.43082022 0.59536209]
[0.8224339  0.31524416 0.54828926 0.54758568 0.17693035 0.54735034
  0.  0.39009475 0.57104024 0.9753213  0.76613088]
[0.31943828 0.50507627 0.51110125 0.03509312 0.79372539 0.16703828
  0.39009475 0.         0.19518001 0.4276686  0.72739297]
[0.80740619 0.50604808 0.69829725 0.71919495 0.36147845 0.86722738
  0.57104024 0.19518001 0.         0.51688656 0.59628479]
[0.75032461 0.23262105 0.58848989 0.40406761 0.20889319 0.43082022
  0.9753213  0.4276686  0.51688656 0.         0.70352647]
[0.78072006 0.53148932 0.63433505 0.58966189 0.55810526 0.59536209
  0.76613088 0.72739297 0.59628479 0.70352647 0.        ]]
```
------------利用物品之间的相似性进行预测评分------------
[(2, 12.94991511773729), (4, 8.350881915012314)]
------------ top_k 推荐 ------------
[(2, 12.94991511773729), (4, 8.350881915012314)]

第 10 章　基于矩阵分解的推荐案例

10.1　利用梯度下降法对矩阵进行分解

本案例使用的是模拟数据,数据表示的是用户商品评分矩阵,具体形式如下:

4	3	-	5	-
5	-	4	4	-
4	-	5	-	3
2	3	-	1	-
-	4	2	-	5

首先对原始数据进行加载,之后利用梯度下降法进行模型的训练,所用函数定义为 gradAscent(dataMat, k, alpha, beta, maxCycles),其中参数 dataMat(mat)是用户商品评分矩阵,参数 k(int)是分解后矩阵的维度,alpha(float)是梯度下降法的学习率,beta(float)是正则化参数,maxCycles(int)是最大迭代次数。此函数输出 p、q(mat)两个分解后的矩阵。

```
# coding:UTF-8
import numpy as np
def load_data(path):
    '''导入数据
    input:  path(string):用户商品评分矩阵存储的位置
    output: data(mat):用户商品评分矩阵
    '''
    f = open(path)
    data = []
    for line in f.readlines():
        arr = []
        lines = line.strip().split("\t")
        for x in lines:
            if x != "-":
                arr.append(float(x))
```

```
            else:
                arr.append(float(0))
        data.append(arr)
    f.close()
    return np.mat(data)
def gradAscent(dataMat, k, alpha, beta, maxCycles):
    '''利用梯度下降法对矩阵进行分解
    input:  dataMat(mat):用户商品评分矩阵
            k(int):分解矩阵的参数
            alpha(float):学习率
            beta(float):正则化参数
            maxCycles(int):最大迭代次数
    output: p,q(mat):分解后的矩阵
    '''
    m, n = np.shape(dataMat)
    # 1. 初始化 p 和 q
    p = np.mat(np.random.random((m, k)))
    q = np.mat(np.random.random((k, n)))
    # 2. 开始训练
    for step in range(maxCycles):
        for i in range(m):
            for j in range(n):
                if dataMat[i, j] > 0:
                    error = dataMat[i, j]
                    for r in range(k):
                        error = error - p[i, r] * q[r, j]
                    for r in range(k):
                        #梯度上升
                        p[i, r] = p[i, r] + alpha * (2 * error * q[r, j] -
beta * p[i, r])
                        q[r, j] = q[r, j] + alpha * (2 * error * p[i, r] -
beta * q[r, j])
        loss = 0.0
        for i in range(m):
            for j in range(n):
                if dataMat[i, j] > 0:
                    error = 0.0
                    for r in range(k):
                        error = error + p[i, r] * q[r, j]
                    # 3. 计算损失函数
```

133

```
                    loss = (dataMat[i, j] - error) * (dataMat[i, j] - error)
                for r in range(k):
                    loss = loss + beta * (p[i, r] * p[i, r] + q[r, j] * q
[r, j]) / 2

        if loss < 0.001:
            break
        if step % 1000 == 0:
            print("\t步骤：", step, "损失：", loss)
    return p, q
def save_file(file_name, source):
    '''保存结果
    input:  file_name(string):需要保存的文件名
            source(mat):需要保存的文件
    '''
    f = open(file_name, "w")
    m, n = np.shape(source)
    for i in range(m):
        tmp = []
        for j in range(n):
            tmp.append(str(source[i, j]))
        f.write("\t".join(tmp) + "\n")
    f.close()
def prediction(dataMatrix, p, q, user):
    '''为用户user未互动的项打分
    input:  dataMatrix(mat):原始用户商品评分矩阵
            p(mat):分解后的矩阵p
            q(mat):分解后的矩阵q
            user(int):用户的id
    output: predict(list):推荐列表
    '''
    n = np.shape(dataMatrix)[1]
    predict = {}
    for j in range(n):
        if dataMatrix[user, j] == 0:
            predict[j] = (p[user,] * q[:,j])[0,0]
    # 按照分数从大到小进行排序
    return sorted(predict.items(), key = lambda d:d[1], reverse = True)


def top_k(predict, k):
```

```
    '''为用户推荐前 k 个商品
    input：  predict(list):排好序的商品列表
             k(int):推荐的商品个数
    output：top_recom(list):top_k 个商品
    '''
    top_recom = []
    len_result = len(predict)
    if k >= len_result:
        top_recom = predict
    else:
        for i in range(k):
            top_recom.append(predict[i])
    return top_recom
if __name__ == "__main__":
    # 1. 导入用户商品评分矩阵
    print("----------- 导入数据 -----------")
    dataMatrix = load_data("data.txt")
    # 2. 利用梯度下降法对矩阵进行分解
    print("----------- 利用梯度下降法对矩阵进行分解 -----------")
    p, q = gradAscent(dataMatrix, 5, 0.0002, 0.02, 5000)
    # 3. 保存分解后的结果
    print("----------- 保存模型 -----------")
    save_file("p", p)
    save_file("q", q)
    # 4. 预测
    print("----------- 预测 -----------")
    predict = prediction(dataMatrix, p, q, 0)
    # 进行 Top-K 推荐
    print("----------- top_k 推荐 ------------")
    top_recom = top_k(predict, 2)
    print(top_recom)
    print(p * q)
```

读者可参考如下的运行结果。

```
----------- 导入数据 -----------
----------- 利用梯度下降法对矩阵进行分解 -----------
步骤： 0    损失： 13.0555409747684
步骤： 1000  损失： 0.4406310042734136
步骤： 2000  损失： 0.13307255715069127
步骤： 3000  损失： 0.10606910403431119
```

```
步骤： 4000   损失： 0.10460610007807666
---------- 保存模型 -----------
---------- 预测 -----------
---------- top_k 推荐 -----------
[(2, 4.088033259516441), (4, 3.8584528815038217)]
[[4.01172174 3.00197849 4.08803326 4.94832632 3.85845288]
 [4.72058608 3.00104056 4.22662662 4.02494326 1.88719772]
 [4.2511261  3.83507056 4.71921372 3.77090232 3.01900263]
 [1.94724666 2.99347811 2.6404922  1.02376958 1.72009773]
 [1.68937467 3.97234606 2.04319559 2.91210769 4.97006903]]]
```

10.2   基于非负矩阵分解的推荐

本案例实现了基于矩阵分解的推荐算法。mf.py 实现了基于矩阵分解的推荐算法，nmf.py 实现了基于非负矩阵分解的推荐算法。实现的过程调用了上文基于矩阵分解的基本算法的一些函数，以及使用了与其相同的测试数据。具体的编码如下：

```python
# coding:UTF-8
import numpy as np
from mf import load_data, save_file, prediction, top_k
def train(V, r, maxCycles, e):
    m, n = np.shape(V)
    # 1. 初始化矩阵
    W = np.mat(np.random.random((m, r)))
    H = np.mat(np.random.random((r, n)))
    # 2. 非负矩阵分解
    for step in range(maxCycles):
        V_pre = W * H
        E = V - V_pre
        err = 0.0
        for i in range(m):
            for j in range(n):
                err += E[i, j] * E[i, j]
        if err < e:
            break
        if step % 1000 == 0:
            print("\t 迭代：", step, " 损失：", err)
        a = W.T * V
        b = W.T * W * H
```

```
            for i_1 in range(r):
                for j_1 in range(n):
                    if b[i_1, j_1] != 0:
                        H[i_1, j_1] = H[i_1, j_1] * a[i_1, j_1] / b[i_1, j_1]
            c = V * H.T
            d = W * H * H.T
            for i_2 in range(m):
                for j_2 in range(r):
                    if d[i_2, j_2] != 0:
                        W[i_2, j_2] = W[i_2, j_2] * c[i_2, j_2] / d[i_2, j_2]
    return W, H
if __name__ == "__main__":
    # 1. 导入用户商品评分矩阵
    print("----------- 导入模型 -----------")
    V = load_data("data.txt")
    # 2. 非负矩阵分解
    print("----------- 非负矩阵分解 -----------")
    W, H = train(V, 5, 10000, 1e-5)
    # 3. 保存分解后的结果
    print("----------- 保存分解后的结果 -----------")
    save_file("W", W)
    save_file("H", H)
    # 4. 预测
    print("-----------预测 -----------")
    predict = prediction(V, W, H, 0)
    # 进行 Top-K 推荐
    print("----------- top_k 推荐 -----------")
    top_recom = top_k(predict, 2)
    print(top_recom)
    print(W * H)
```

基于非负矩阵分解的推荐结果如下：

```
----------- 导入模型 -----------
----------- 非负矩阵分解 -----------
迭代：0  损失： 126.6143878372472
迭代： 1000  损失： 0.00020205155339166273
迭代： 2000  损失： 5.170061039066275e-05
迭代： 3000  损失： 2.3436724515465177e-05
迭代： 4000  损失： 1.3389016548561031e-05
----------- 保存分解后的结果 -----------
```

137

```
----------- 预 测 -----------
----------- top_k 推荐 -----------
[(2, 0.0012929568427623823), (4, 0.0007217139200308151)]
[[3.99999938e + 00  2.99999983e + 00  1.29295684e − 03  5.00000016e + 00    7.
21713920e − 04]
  [5.00000059e + 00  9.50747164e − 04  3.99999960e + 00  3.99999940e + 00    3.47405564e − 04]
  [3.99999937e + 00  9.85722714e − 04  4.99999996e + 00  1.50604883e − 03    2.99999983e + 00]
  [1.99999940e + 00  2.99999983e + 00  1.10241798e − 03  9.99999977e − 01    7.21937756e − 04]
  [9.43321914e − 04  3.99999955e + 00  2.00000013e + 00  9.56553133e − 04    4.99999994e + 00]]
```

第11章 基于深度学习的推荐案例

11.1 数 据 集

第4章介绍了基于深度学习的推荐算法。深度学习已经用在了 Netflix 等知名的电影机构。本章介绍两个基于深度学习的电影推荐实例。本章电影推荐系统的案例用到的数据集是常用的电影数据集 Movielens,其是一个关于电影评分的数据集,里面包含从 IMDB、The Movie DataBase 上面得到的用户对电影的评分信息,详细请看下面的介绍。下载地址:http://files. grouplens. org/datasets/movielens/。MovieLens 数据集有好几个版本,分别对应不同数据量,本章所用的数据为 1M 的数据。

首先看一下该数据集的结构。本章案例中的数据文件格式为 dat 类型。MovieLens 1M 数据集含有来自 6 000 名用户对 4 000 部电影的 100 万条评分数据,分为 3 个表:评分、用户信息、电影信息。这些数据都是 dat 文件格式。可以通过 pandas. read_table 将各个表分别读到一个 pandas DataFrame 对象中。

1. ratings. dat 数据

ratings. dat 数据包含每一个用户对于每一部电影的评分。数据格式为 userId、movieId、rating、timestamp。其中:userId 表示每个用户的 id;movieId 表示每部电影的 id;rating 表示用户评分,是 5 星制,按半颗星的规模递增(0. 5 stars~5 stars);timestamp 表示自 1970 年 1 月 1 日零点后到用户提交评价的时间(秒数)。数据是按照 userId、movieId 的顺序排列的。

2. movies. dat 数据

movies. dat 数据包含每一部电影的 id 和标题,以及该电影的类别。数据格式为 movieId、title、genres。其中,movieId 表示每部电影的 id,title 表示电影的标题,genres 表示电影的类别(详细分类见 readme. txt)。

3. Users. dat 数据

Users. dat 数据包含每一个用户的 id 和该用户的性别、年龄、职业、邮编。数据格式为 UserID::Gender::Age::Occupation::Zip-code。其中:UserID 表示用户 id;Gender 表示用户的性别,"M"表示男性,"F"表示女性;Age 表示用户的年龄段,18 岁以下用"1"表示,18~24 岁用"18"表示等;Occupation 表示用户的职业;Zip-code 表示用户的邮政编码。

11.2　基于线性模型的简单案例

　　系统运行环境：本章所用的 Python 代码的开发环境是 Python 3.7.4,仅供读者参考。系统运行需要预安装 TensorFlow、Keras、pandas、numpy 等软件包。

　　Keras 是基于 TensorFlow、Theano 的一个深度学习框架,它的设计参考了 Torch,用 Python 语言编写,是一个高度模块化的神经网络,支持 GPU 和 CPU。本案例实现了基于 Keras 的推荐系统,读者可以在此基础上进行修改,并将其应用到自己的系统中。

　　如何利用深度学习构造推荐系统模型? 推荐系统的目标函数有很多,比如推荐评分最高的,或者推荐点击率最高的,等等。有时候我们还会兼顾推荐内容的多样性。我们在本案例实现的是最基本的基于用户给内容打分的情形。本案例的核心思想是对用户和内容进行建模,从而预测用户对未看过内容的打分。推荐系统进而会把预测的高分内容呈现给用户。

　　接下来构建深度学习模型,把用户和内容的 embedding 合并在一起(concatenate),作为输入层,然后通过网络模型提取一层层特征,最后用线性变换得出预测评分。准备好训练数据集,代入模型进行训练,并通过均方差计算模型的拟合程度。

```python
# encoding = utf-8
import os
os.environ['TF_CPP_MIN_LOG_LEVEL'] = '2'
importmath
import pandas as pd
import numpy as np
import matplotlib.pyplot as plt
from keras.models import Sequential
from keras.layers import Embedding, Dropout, Dense, Reshape
from keras.layers.merge import Dot, Concatenate
from keras.models import Model, Input
ratings = pd.read_csv('./ratings.dat', sep = '::', \
    engine='python',names = ['user_id','movie_id','rating','timestamp'])
n_users = np.max(ratings['user_id'])
n_movies = np.max(ratings['movie_id'])
print([n_users, n_movies, len(ratings)])   # the number of users, movies and rat-
ings
#对用户和内容的建模
k = 128
input_1 = Input(shape = (1,))
model1 = Embedding(n_users + 1, k, input_length = 1)(input_1)
model1 = Reshape((k,))(model1)
input_2 = Input(shape = (1,))
```

```python
model2 = Embedding(n_movies + 1, k, input_length = 1)(input_2)
model2 = Reshape((k,))(model2)
model = Concatenate()([model1, model2])
model = Dropout(0.2)(model)
model = Dense(k, activation = 'relu')(model)
model = Dropout(0.5)(model)
model = Dense(int(k/4), activation = 'relu')(model)
model = Dropout(0.5)(model)
model = Dense(int(k/16), activation = 'relu')(model)
model = Dropout(0.5)(model)
yhat = Dense(1, activation = 'linear')(model)
model = Model([input_1, input_2], yhat)
model.compile(loss = 'mse', optimizer = "adam")
#准备好训练数据,代入模型
users = ratings['user_id'].values
movies = ratings['movie_id'].values
label = ratings['rating'].values
X_train = [users, movies]
y_train = label
model.fit(X_train, y_train, batch_size = 1000, epochs = 50)
#预测第 1 号用户对第 9 号内容的打分
i = 1
j = 9
pred = model.predict([np.array([users[i]]), np.array([movies[j]])])
#计算模型在训练数据集上的均方差
mse = model.evaluate(x = X_train, y = y_train, batch_size = 128)
print('第 % d 号用户对第 % d 号内容的打分为: % f'%(i,j,pred))
print('模型在训练数据集上的均方差为: % f'% mse)
```

程序运行结果如下:

```
 913152/1000209 [============================>...] - ETA: 0s
 930304/1000209 [============================>...] - ETA: 0s
 946304/1000209 [=============================>..] - ETA: 0s
 963200/1000209 [=============================>..] - ETA: 0s
 979840/1000209 [==============================>.] - ETA: 0s
 996608/1000209 [==============================>.] - ETA: 0s
1000209/1000209 [==============================] - 3s 3us/step
第 1 号用户对第 9 号内容的打分为:4.250773
模型在训练数据集上的均方差为:0.692889
```

11.3　基于文本卷积神经网络的推荐

　　本案例实现了基于 TensorFlow 的文本卷积神经网络的推荐算法,并用 PyQt5 做界面展示效果,使用 MovieLens 1M 数据集进行实验,实现了推荐同类型的电影,推荐用户喜欢的电影,推荐看过这个电影的人还喜欢看的电影这 3 个功能。读者可以在此基础上加载自己的数据集进行训练测试。本案例直接用命令 python CallMovieWin.py 运行即可。processsdata.py 预处理数据并保存;mainTrain 训练模型并保存;mainTest 测试模型;mainUse 使用已经存储好的数据矩阵。

11.3.1　数据预处理

　　processsdata.py 文件对数据进行了预处理,包括用户数据、电影数据、评分数据。

```
# coding = utf-8
import pandas as pd
from sklearn.model_selection import train_test_split
import numpy as np
from collections import Counter
import tensorflow as tf
import os
import pickle
import re
from tensorflow.python.ops import math_ops
import shutil
from urllib.request import urlretrieve
from os.path import isfile, isdir
from tqdm import tqdm
import zipfile
import hashlib


def _unzip(save_path, _, database_name, data_path):
    """
    Unzip wrapper with the same interface as _ungzip
    :param save_path: The path of the gzip files
    :param database_name: Name of database
    :param data_path: Path to extract to
    :param _: HACK - Used to have to same interface as _ungzip
    """
```

```
        print('Extracting {}...'.format(database_name))
        with zipfile.ZipFile(save_path) as zf:
            zf.extractall(data_path)


    def download_extract(database_name, data_path):
        """

        Download and extract database
        :param database_name: Database name
        """

        DATASET_ML1M = 'ml-1m'


        if database_name == DATASET_ML1M:
            url = 'http://files.grouplens.org/datasets/movielens/ml-1m.zip'
            hash_code = 'c4d9eecfca2ab87c1945afe126590906'
            extract_path = os.path.join(data_path, 'ml-1m')
            save_path = os.path.join(data_path, 'ml-1m.zip')
            extract_fn = _unzip
        if os.path.exists(extract_path):
            print('Found {} Data'.format(database_name))
            return
        if not os.path.exists(data_path):
            os.makedirs(data_path)
        if not os.path.exists(save_path):
            with DLProgress(unit='B', unit_scale=True, miniters=1, desc='Down-
loading {}'.format(database_name)) as pbar:
                urlretrieve(url, save_path, pbar.hook)
        assert hashlib.md5(open(save_path, 'rb').read()).hexdigest() == hash_code, \
            '{} file is corrupted.  Remove the file and try again.'.format(save_path)
        os.makedirs(extract_path)
        try:
            extract_fn(save_path, extract_path, database_name, data_path)
        except Exception as err:
        shutil.rmtree(extract_path)    # Remove extraction folder if there is an error
            raise err
        print('Done.')
        # Remove compressed data
        # os.remove(save_path)


    class DLProgress(tqdm):
        """
```

```
        Handle Progress Bar while Downloading
        """

        last_block = 0

        def hook(self, block_num = 1, block_size = 1, total_size = None):
            """
            A hook function that will be called once on establishment of the network connection and
            once after each block read thereafter.
            :param block_num: A count of blocks transferred so far
            :param block_size: Block size in bytes
            :param total_size: The total size of the file. This may be - 1 on older FTP servers which do not return
                               a file size in response to a retrieval request.
            """
            self.total = total_size
            self.update((block_num - self.last_block) * block_size)
            self.last_block = block_num


    def load_data():
        """
        Load Dataset from File
        """
        # 读取 User 数据
        users_title = ['UserID', 'Gender', 'Age', 'JobID', 'Zip - code']
        users = pd.read_table('./ml - 1m/users.dat', sep = '::', header = None, names = users_title, engine = 'python')
        users = users.filter(regex ='UserID|Gender|Age|JobID')
        users_orig = users.values
        # 改变 User 数据中的性别和年龄
        gender_map = {'F':0, 'M':1}
        users['Gender'] = users['Gender'].map(gender_map)

        age_map = {val:ii for ii,val in enumerate(set(users['Age']))}
        users['Age'] = users['Age'].map(age_map)

        # 读取 Movie 数据集
        movies_title = ['MovieID', 'Title', 'Genres']
        movies = pd.read_table('./ml - 1m/movies.dat', sep = '::', header = None, names = movies_title, engine = 'python')
```

```python
movies_orig = movies.values
#将 Title 中的年份去掉
pattern = re.compile(r'^(.*)\((\d+)\)$')

title_map = {val:pattern.match(val).group(1) for ii,val in enumerate(set(movies['Title']))}
movies['Title'] = movies['Title'].map(title_map)

#将电影类型转成数字字典
genres_set = set()
for val in movies['Genres'].str.split('|'):
    genres_set.update(val)
genres_set.add('<PAD>')
genres2int = {val:ii for ii, val in enumerate(genres_set)}
#将电影类型转成等长数字列表，长度是 18
genres_map = {val:[genres2int[row] for row in val.split('|')] for ii,val in enumerate(set(movies['Genres']))}
for key in genres_map:
    for cnt in range(max(genres2int.values()) - len(genres_map[key])):
        genres_map[key].insert(len(genres_map[key]) + cnt,genres2int['<PAD>'])
movies['Genres'] = movies['Genres'].map(genres_map)
#将电影 Title 转成数字字典
title_set = set()
for val in movies['Title'].str.split():
    title_set.update(val)
title_set.add('<PAD>')
title2int = {val:ii for ii, val in enumerate(title_set)}
#将电影 Title 转成等长数字列表，长度是 15
title_count = 15
title_map = {val:[title2int[row] for row in val.split()] for ii,val in enumerate(set(movies['Title']))}
for key in title_map:
    for cnt in range(title_count - len(title_map[key])):
        title_map[key].insert(len(title_map[key]) + cnt,title2int['<PAD>'])
movies['Title'] = movies['Title'].map(title_map)
#读取评分数据集
ratings_title = ['UserID','MovieID', 'ratings', 'timestamps']
ratings = pd.read_table('./ml-1m/ratings.dat', sep='::', header=None, names=ratings_title, engine='python')
```

```
    ratings = ratings.filter(regex='UserID|MovieID|ratings')
    # 合并 3 个表
    data = pd.merge(pd.merge(ratings, users), movies)
    # 将数据分成 x 和 y 两个表
    target_fields = ['ratings']
    features_pd, targets_pd = data.drop(target_fields, axis=1), data[target_
fields]
    features = features_pd.values
    targets_values = targets_pd.values
    return title_count, title_set, genres2int, features, targets_values, rat-
ings, users, movies, data, movies_orig, users_orig
data_dir = './'
download_extract('ml-1m', data_dir)
users_title = ['UserID', 'Gender', 'Age', 'OccupationID', 'Zip-code']
users = pd.read_table('./ml-1m/users.dat', sep='::', header=None, names=users_
title, engine='python')
print(users.head())
ratings_title = ['UserID', 'MovieID', 'Rating', 'timestamps']
ratings = pd.read_table('./ml-1m/ratings.dat', sep='::', header=None, names=
ratings_title, engine='python')
print(ratings.head())
title_count, title_set, genres2int, features, targets_values, ratings, users,
movies, data, movies_orig, users_orig = load_data()
pickle.dump((title_count, title_set, genres2int, features, targets_values, rat-
ings, users, movies, data, movies_orig, users_orig), open('preprocess.p', 'wb'))
print(users.head())
print(movies.head())
print(movies.values[0])
```

程序运行结果如下：

```
Found ml-1m Data
   UserID Gender   Age   OccupationID Zip-code
0      1      F     1             10    48067
1      2      M    56             16    70072
2      3      M    25             15    55117
3      4      M    45              7    02460
4      5      M    25             20    55455
   UserID  MovieID  Rating   timestamps
0      1     1193        5    978300760
1      1      661        3    978302109
```

2	1	914	3	978301968
3	1	3408	4	978300275
4	1	2355	5	978824291

	UserID	Gender	Age	JobID
0	1	0	0	10
1	2	1	5	16
2	3	1	6	15
3	4	1	2	7
4	5	1	6	20

	MovieID	...	Genres
0	1	...	[0, 16, 6, 12, 12, 12, 12, 12, 12, 12, 12, 12,...
1	2	...	[17, 16, 10, 12, 12, 12, 12, 12, 12, 12, 12, 1...
2	3	...	[6, 13, 12, 12, 12, 12, 12, 12, 12, 12, 12, 12...
3	4	...	[6, 15, 12, 12, 12, 12, 12, 12, 12, 12, 12,12...
4	5	...	[6, 12, 12, 12, 12, 12, 12, 12, 12, 12, 12, 12...

```
[5 rows x 3 columns]
[1
list([4214, 1683, 1947, 1947, 1947, 1947, 1947, 1947, 1947, 1947, 1947, 1947,
1947, 1947, 1947])
list([0, 16, 6, 12, 12, 12, 12, 12, 12, 12, 12, 12, 12, 12, 12, 12, 12, 12])]
```

11.3.2　模型训练

用文件 mainTrain.py 进行模型的训练并保存结果。

```python
# coding = utf-8
import pickle
import tensorflow as tf
import os
from sklearn.model_selection import train_test_split
import numpy as np


def save_params(params):
    """

    Save parameters to file
    """

pickle.dump(params, open('params.p', 'wb'))


def load_params():
```

```
    """
    Load parameters from file
    """
return pickle.load(open('params.p', mode='rb'))


def get_inputs():
    uid = tf.placeholder(tf.int32, [None, 1], name="uid")
    user_gender = tf.placeholder(tf.int32, [None, 1], name="user_gender")
    user_age = tf.placeholder(tf.int32, [None, 1], name="user_age")
    user_job = tf.placeholder(tf.int32, [None, 1], name="user_job")
    movie_id = tf.placeholder(tf.int32, [None, 1], name="movie_id")
    movie_categories = tf.placeholder(tf.int32, [None, 18], name="movie_cate-
gories")
    movie_titles = tf.placeholder(tf.int32, [None, 15], name="movie_titles")
    targets = tf.placeholder(tf.int32, [None, 1], name="targets")
    LearningRate = tf.placeholder(tf.float32, name="LearningRate")
    dropout_keep_prob = tf.placeholder(tf.float32, name="dropout_keep_prob")
return uid, user_gender, user_age, user_job, movie_id, movie_categories, movie_
titles, targets, LearningRate, dropout_keep_prob
title_count, title_set, genres2int, features, targets_values, ratings, users,
movies, data, movies_orig, users_orig = pickle.load(open('preprocess.p', mode='rb'))
    #嵌入矩阵的维度
    embed_dim = 32
    #用户 ID 个数
    uid_max = max(features.take(0, 1)) + 1   #6040
    #性别个数
    gender_max = max(features.take(2, 1)) + 1   # 1 + 1 = 2
    #年龄类别个数
    age_max = max(features.take(3, 1)) + 1   # 6 + 1 = 7
    #职业个数
    job_max = max(features.take(4, 1)) + 1   # 20 + 1 = 21
    #电影 ID 个数
    movie_id_max = max(features.take(1, 1)) + 1   # 3952
    #电影类型个数
    movie_categories_max = max(genres2int.values()) + 1   # 18 + 1 = 19
    #电影名单词个数
    movie_title_max = len(title_set)   # 5216
    #对电影类型嵌入向量做求和操作的标志,考虑过使用 mean 做平均,但是没实现 mean
    combiner = "sum"
    #电影名长度
```

```
sentences_size = title_count  # = 15
# 文本卷积滑动窗口，分别滑动 2、3、4、5 个单词
window_sizes = {2, 3, 4, 5}
# 文本卷积核数量
filter_num = 8
# 将电影 ID 转成下标的字典，数据集中电影 ID 跟下标不一致，比如，第 5 行的数据电影
ID 不一定是 5
movieid2idx = {val[0]: i for i, val in enumerate(movies.values)}


def get_user_embedding(uid, user_gender, user_age, user_job):
    with tf.name_scope("user_embedding"):
        uid_embed_matrix = tf.Variable(tf.random_uniform([uid_max, embed_
dim], -1, 1), name = "uid_embed_matrix")
        uid_embed_layer = tf.nn.embedding_lookup(uid_embed_matrix, uid, name
= "uid_embed_layer")

        gender_embed_matrix = tf.Variable(tf.random_uniform([gender_max, em-
bed_dim // 2], -1, 1), name = "gender_embed_matrix")
        gender_embed_layer = tf.nn.embedding_lookup(gender_embed_matrix, user_
gender, name = "gender_embed_layer")

        age_embed_matrix = tf.Variable(tf.random_uniform([age_max, embed_dim
// 2], -1, 1), name = "age_embed_matrix")
        age_embed_layer = tf.nn.embedding_lookup(age_embed_matrix, user_age,
name = "age_embed_layer")

        job_embed_matrix = tf.Variable(tf.random_uniform([job_max, embed_dim
// 2], -1, 1), name = "job_embed_matrix")
        job_embed_layer = tf.nn.embedding_lookup(job_embed_matrix, user_job,
name = "job_embed_layer")
    return uid_embed_layer, gender_embed_layer, age_embed_layer, job_embed_layer


def get_user_feature_layer(uid_embed_layer, gender_embed_layer, age_embed_lay-
er, job_embed_layer):
    with tf.name_scope("user_fc"):
        # 第一层全连接
        uid_fc_layer = tf.layers.dense(uid_embed_layer, embed_dim, name = "uid
_fc_layer", activation = tf.nn.relu)
        gender_fc_layer = tf.layers.dense(gender_embed_layer, embed_dim, name
= "gender_fc_layer", activation = tf.nn.relu)
```

```
        age_fc_layer = tf.layers.dense(age_embed_layer, embed_dim, name = "age
_fc_layer", activation = tf.nn.relu)
        job_fc_layer = tf.layers.dense(job_embed_layer, embed_dim, name = "job
_fc_layer", activation = tf.nn.relu)

        # 第二层全连接
        user_combine_layer = tf.concat([uid_fc_layer, gender_fc_layer, age_fc
_layer, job_fc_layer], 2)    # (?, 1, 128)
        user_combine_layer = tf.contrib.layers.fully_connected(user_combine_
layer, 200, tf.tanh)    # (?, 1, 200)

        user_combine_layer_flat = tf.reshape(user_combine_layer, [-1, 200])
    return user_combine_layer, user_combine_layer_flat

def get_movie_id_embed_layer(movie_id):
    with tf.name_scope("movie_embedding"):
        movie_id_embed_matrix = tf.Variable(tf.random_uniform([movie_id_max,
embed_dim], -1, 1),name = "movie_id_embed_matrix")
        movie_id_embed_layer = tf.nn.embedding_lookup(movie_id_embed_matrix,
movie_id,name = "movie_id_embed_layer")
    return movie_id_embed_layer

def get_movie_categories_layers(movie_categories):
    with tf.name_scope("movie_categories_layers"):
        movie_categories_embed_matrix = tf.Variable(tf.random_uniform([movie
_categories_max, embed_dim], -1, 1), name = "movie_categories_embed_matrix")
        movie_categories_embed_layer = tf.nn.embedding_lookup(movie_catego-
ries_embed_matrix, movie_categories,
            name = "movie_categories_embed_layer")
        if combiner == "sum":
            movie_categories_embed_layer = tf.reduce_sum(movie_categories_em-
bed_layer, axis = 1, keep_dims = True)
        #    elif combiner == "mean":
        return movie_categories_embed_layer

def get_movie_cnn_layer(movie_titles):
    # 从嵌入矩阵中得到电影名对应的各个单词的嵌入向量
    with tf.name_scope("movie_embedding"):
        movie_title_embed_matrix = tf.Variable(tf.random_uniform([movie_ti-
tle_max, embed_dim], -1, 1),name = "movie_title_embed_matrix")
```

```
        movie_title_embed_layer = tf.nn.embedding_lookup(movie_title_embed_
matrix, movie_titles,name = "movie_title_embed_layer")
        movie_title_embed_layer_expand = tf.expand_dims(movie_title_embed_
layer, -1)


    ♯对文本嵌入层使用不同尺寸的卷积核做卷积和最大池化
    pool_layer_lst = []
    for window_size in window_sizes：
        with tf.name_scope("movie_txt_conv_maxpool_{}".format(window_size))：
            filter_weights = tf.Variable(tf.truncated_normal([window_size,
embed_dim, 1, filter_num], stddev = 0.1),name = "filter_weights")
        filter_bias = tf.Variable(tf.constant(0.1, shape = [filter_num]), name
= "filter_bias")
            conv_layer = tf.nn.conv2d(movie_title_embed_layer_expand, filter_
weights, [1, 1, 1, 1], padding = "VALID",name = "conv_layer")
            relu_layer = tf.nn.relu(tf.nn.bias_add(conv_layer, filter_bias),
name = "relu_layer")
            maxpool_layer = tf.nn.max_pool(relu_layer, [1, sentences_size -
window_size + 1, 1, 1], [1, 1, 1, 1],padding = "VALID", name = "maxpool_layer")
            pool_layer_lst.append(maxpool_layer)


    ♯ Dropout 层
    with tf.name_scope("pool_dropout")：
        pool_layer = tf.concat(pool_layer_lst, 3, name = "pool_layer")
        max_num = len(window_sizes) * filter_num
        pool_layer_flat = tf.reshape(pool_layer, [-1, 1, max_num], name = "
pool_layer_flat")
        dropout_layer = tf.nn.dropout(pool_layer_flat, dropout_keep_prob,
name = "dropout_layer")
    return pool_layer_flat, dropout_layer


def get_movie_feature_layer(movie_id_embed_layer, movie_categories_embed_lay-
er, dropout_layer)：
    with tf.name_scope("movie_fc")：
        ♯第一层全连接
        movie_id_fc_layer = tf.layers.dense(movie_id_embed_layer, embed_dim,
name = "movie_id_fc_layer",activation = tf.nn.relu)
        movie_categories_fc_layer = tf.layers.dense(movie_categories_embed_
layer, embed_dim,  name = "movie_categories_fc_layer", activation = tf.nn.relu)
```

```
        #第二层全连接
        movie_combine_layer = tf.concat([movie_id_fc_layer, movie_categories_
fc_layer, dropout_layer], 2)  #(?, 1, 96)
        movie_combine_layer = tf.contrib.layers.fully_connected(movie_com-
bine_layer, 200, tf.tanh)  #(?, 1, 200)
        movie_combine_layer_flat = tf.reshape(movie_combine_layer, [-1,
200])
    return movie_combine_layer, movie_combine_layer_flat


tf.reset_default_graph()
train_graph = tf.Graph()
with train_graph.as_default():
    #获取输入占位符
    uid, user_gender, user_age, user_job, movie_id, movie_categories, movie_ti-
tles, targets, lr, dropout_keep_prob = get_inputs()
    #获取 User 的 4 个嵌入向量
    uid_embed_layer, gender_embed_layer, age_embed_layer, job_embed_layer =
get_user_embedding(uid, user_gender, user_age, user_job)
    #得到用户特征
    user_combine_layer, user_combine_layer_flat = get_user_feature_layer(uid_
embed_layer, gender_embed_layer, age_embed_layer, job_embed_layer)
    #获取电影 ID 的嵌入向量
    movie_id_embed_layer = get_movie_id_embed_layer(movie_id)
    #获取电影类型的嵌入向量
    movie_categories_embed_layer = get_movie_categories_layers(movie_catego-
ries)
    #获取电影名的特征向量
    pool_layer_flat, dropout_layer = get_movie_cnn_layer(movie_titles)
    #得到电影特征
    movie_combine_layer, movie_combine_layer_flat = get_movie_feature_layer
(movie_id_embed_layer, movie_categories_embed_layer, dropout_layer)
    #计算出评分,要注意对于两个不同的方案,inference 的名字(name 值)是不一样
的,后面做推荐时要根据 name 取得 tensor
    with tf.name_scope("inference"):
        #将用户特征和电影特征作为输入,经过全连接,输出一个值的方案
        # inference_layer = tf.concat([user_combine_layer_flat, movie_com-
bine_layer_flat], 1)  #(?, 200)
        # inference = tf.layers.dense(inference_layer, 1,
        # kernel_initializer = tf.truncated_normal_initializer(stddev = 0.01),
```

```
        # kernel_regularizer = tf.nn.l2_loss, name = "inference")
        #简单地将用户特征和电影特征做矩阵乘法,得到一个预测评分
        # inference = tf.matmul(user_combine_layer_flat, tf.transpose(movie_
combine_layer_flat))
        inference = tf.reduce_sum(user_combine_layer_flat * movie_combine_
layer_flat, axis = 1)
        inference = tf.expand_dims(inference, axis = 1)


    with tf.name_scope("loss"):
        # MSE 损失,将计算值回归到评分
        cost = tf.losses.mean_squared_error(targets, inference)
        loss = tf.reduce_mean(cost)
    #优化损失
    #train_op = tf.train.AdamOptimizer(lr).minimize(loss)   #cost
    global_step = tf.Variable(0, name = "global_step", trainable = False)
  optimizer = tf.train.AdamOptimizer(lr)
    gradients = optimizer.compute_gradients(loss)   # cost
    train_op = optimizer.apply_gradients(gradients, global_step = global_step)

def get_batches(Xs, ys, batch_size):
    for start in range(0, len(Xs), batch_size):
        end = min(start + batch_size, len(Xs))
        yield Xs[start:end], ys[start:end]


import matplotlib.pyplot as plt
import time
import datetime


# Number of Epochs
num_epochs = 5
# Batch Size
batch_size = 256
dropout_keep = 0.5
# Learning Rate
learning_rate = 0.0001
# Show stats for every n number of batches
show_every_n_batches = 20
save_dir = './save'
losses = {'train': [], 'test': []}
```

```
    with tf.Session(graph = train_graph) as sess:
        # 搜集数据给 tensorBoard 用
        # Keep track of gradient values andsparsity
        grad_summaries = []
        for g, v in gradients:
            if g is not None:
                grad_hist_summary = tf.summary.histogram("{}/grad/hist".format
(v.name.replace(':', '_')), g)
                sparsity_summary = tf.summary.scalar("{}/grad/sparsity".format
(v.name.replace(':', '_')),tf.nn.zero_fraction(g))
                grad_summaries.append(grad_hist_summary)
                grad_summaries.append(sparsity_summary)
        grad_summaries_merged = tf.summary.merge(grad_summaries)

        # Output directory for models and summaries
        timestamp = str(int(time.time()))
        out_dir = os.path.abspath(os.path.join(os.path.curdir, "runs", times-
tamp))
        print("Writing to {}\n".format(out_dir))

        # Summaries for loss and accuracy
        loss_summary = tf.summary.scalar("loss", loss)

        # Train Summaries
        train_summary_op = tf.summary.merge([loss_summary, grad_summaries_mer-
ged])
        train_summary_dir = os.path.join(out_dir, "summaries", "train")
        train_summary_writer = tf.summary.FileWriter(train_summary_dir, sess.
graph)

        # Inference summaries
        inference_summary_op = tf.summary.merge([loss_summary])
        inference_summary_dir = os.path.join(out_dir, "summaries", "inference")
        inference_summary_writer = tf.summary.FileWriter(inference_summary_dir,
sess.graph)

        sess.run(tf.global_variables_initializer())
        saver = tf.train.Saver()
        for epoch_i in range(num_epochs):
```

```
            #将数据集分成训练集和测试集,随机种子不固定
        train_X, test_X, train_y, test_y = train_test_split(features, targets_
values, test_size = 0.2, random_state = 0)
        train_batches = get_batches(train_X, train_y, batch_size)
        test_batches = get_batches(test_X, test_y, batch_size)

        #训练的迭代,保存训练损失
        for batch_i in range(len(train_X) // batch_size):
            x, y = next(train_batches)

            categories = np.zeros([batch_size, 18])
            for i in range(batch_size):
                categories[i] = x.take(6, 1)[i]

            titles = np.zeros([batch_size, sentences_size])
            for i in range(batch_size):
                titles[i] = x.take(5, 1)[i]

            feed = {
                uid: np.reshape(x.take(0, 1), [batch_size, 1]),
                user_gender: np.reshape(x.take(2, 1), [batch_size, 1]),
                user_age: np.reshape(x.take(3, 1), [batch_size, 1]),
                user_job: np.reshape(x.take(4, 1), [batch_size, 1]),
                movie_id: np.reshape(x.take(1, 1), [batch_size, 1]),
                movie_categories: categories,  # x.take(6,1)
                movie_titles: titles,  # x.take(5,1)
                targets: np.reshape(y, [batch_size, 1]),
                dropout_keep_prob: dropout_keep,  # dropout_keep
                lr: learning_rate}

        step, train_loss, summaries, _ = sess.run([global_step, loss, train_
summary_op, train_op], feed)  # cost
            losses['train'].append(train_loss)
            train_summary_writer.add_summary(summaries, step)  #

            # Show every < show_every_n_batches > batches
            if (epoch_i * (len(train_X)//batch_size) + batch_i) % show_every_n_
batches == 0:
                time_str = datetime.datetime.now().isoformat()
```

```
            print('{}: Epoch {:>3} Batch {:>4}/{}   train_loss = {:.3f}'.
format(
                time_str,
                epoch_i,
                batch_i,
                (len(train_X) // batch_size),
                train_loss))

        # 使用测试数据的迭代
        for batch_i in range(len(test_X) // batch_size):
            x, y = next(test_batches)
            categories = np.zeros([batch_size, 18])
            for i in range(batch_size):
                categories[i] = x.take(6, 1)[i]
            titles = np.zeros([batch_size, sentences_size])
            for i in range(batch_size):
                titles[i] = x.take(5, 1)[i]
            feed = {
                uid: np.reshape(x.take(0, 1), [batch_size, 1]),
                user_gender: np.reshape(x.take(2, 1), [batch_size, 1]),
             user_age: np.reshape(x.take(3, 1), [batch_size, 1]),
                user_job: np.reshape(x.take(4, 1), [batch_size, 1]),
                movie_id: np.reshape(x.take(1, 1), [batch_size, 1]),
                movie_categories: categories,   # x.take(6,1)
                movie_titles: titles,   # x.take(5,1)
                targets: np.reshape(y, [batch_size, 1]),
                dropout_keep_prob: 1,
                lr: learning_rate}
            step, test_loss, summaries = sess.run([global_step, loss, infer-
ence_summary_op], feed)   # cost
            # 保存测试损失
            losses['test'].append(test_loss)
            inference_summary_writer.add_summary(summaries, step)
            time_str = datetime.datetime.now().isoformat()
            if (epoch_i * (len(test_X) // batch_size) + batch_i) % show_every_n_
batches == 0:
                print('{}: Epoch {:>3} Batch {:>4}/{}   test_loss = {:.3f}'.
format(
                    time_str,
                    epoch_i,
```

```
                              batch_i,
                              (len(test_X) // batch_size),
                              test_loss))


        # Save Model
        saver.save(sess, save_dir)   # , global_step = epoch_i
        print('Model Trained and Saved')

save_params((save_dir))
load_dir = load_params()
plt.plot(losses['train'], label ='Training loss')
plt.legend()
_ = plt.ylim()


plt.plot(losses['test'], label ='Test loss')
plt.legend()
_ = plt.ylim()
```

模型训练的结果如下：

```
2020 - 06 - 13T10:21:30.117305：Epoch    4 Batch   656/781    test_loss = 0.898
2020 - 06 - 13T10:21:30.197560：Epoch    4 Batch   676/781    test_loss = 1.065
2020 - 06 - 13T10:21:30.278344：Epoch    4 Batch   696/781    test_loss = 0.839
2020 - 06 - 13T10:21:30.359127：Epoch    4 Batch   716/781    test_loss = 0.885
2020 - 06 - 13T10:21:30.440850：Epoch    4 Batch   736/781    test_loss = 1.070
2020 - 06 - 13T10:21:30.520637：Epoch    4 Batch   756/781    test_loss = 0.869
2020 - 06 - 13T10:21:30.601447：Epoch    4 Batch   776/781    test_loss = 0.743
Model Trained and Saved
```

11.3.3　模型预测

mainTest 测试模型；

```
# coding = utf-8
import pickle
import tensorflow as tf
import os
import numpy as np
def load_params():
    """
    Load parameters from file
```

```
            """
        return pickle.load(open('params.p', mode ='rb'))
    #读模型参数
    load_dir = load_params()
    #读数据
    title_count, title_set, genres2int, features, targets_values, ratings, users,
movies, data, movies_orig, users_orig = pickle.load(open('preprocess.p', mode ='rb'))
    sentences_size = title_count    # = 15
    #将电影ID转成下标的字典,数据集中电影ID跟下标不一致,比如第5行的数据电影ID
不一定是5
    movieid2idx = {val[0]: i for i, val in enumerate(movies.values)}
    def get_tensors(loaded_graph):
        uid = loaded_graph.get_tensor_by_name("uid:0")
        user_gender = loaded_graph.get_tensor_by_name("user_gender:0")
        user_age = loaded_graph.get_tensor_by_name("user_age:0")
        user_job = loaded_graph.get_tensor_by_name("user_job:0")
        movie_id = loaded_graph.get_tensor_by_name("movie_id:0")
        movie_categories = loaded_graph.get_tensor_by_name("movie_categories:0")
        movie_titles = loaded_graph.get_tensor_by_name("movie_titles:0")
        targets = loaded_graph.get_tensor_by_name("targets:0")
        dropout_keep_prob = loaded_graph.get_tensor_by_name("dropout_keep_prob:0")
        lr = loaded_graph.get_tensor_by_name("LearningRate:0")
        #两种不同计算预测评分的方案使用不同的 name 获取 tensor inference
        # inference = loaded_graph.get_tensor_by_name("inference/inference/Bias-
Add:0")
    inference = loaded_graph.get_tensor_by_name("inference/ExpandDims:0")
    #之前是 MatMul:0,因为 inference 代码修改了,这里也要修改
        movie_combine_layer_flat = loaded_graph.get_tensor_by_name("movie_fc/
Reshape:0")
        user_combine_layer_flat = loaded_graph.get_tensor_by_name("user_fc/
Reshape:0")
        return uid, user_gender, user_age, user_job, movie_id, movie_categories,
movie_titles, targets, lr, dropout_keep_prob, inference, movie_combine_layer_flat,
user_combine_layer_flat

    def rating_movie(user_id_val, movie_id_val):
        loaded_graph = tf.Graph()
        with tf.Session(graph = loaded_graph) as sess:
            # Load saved model
            loader = tf.train.import_meta_graph(load_dir + '.meta')
```

```
                loader.restore(sess, load_dir)
                # Get Tensors from loaded model
                uid, user_gender, user_age, user_job, movie_id, movie_categories, movie_
titles, targets, lr, dropout_keep_prob, inference, _, __ = get_tensors(
                    loaded_graph)  # loaded_graph
                categories = np.zeros([1, 18])
                categories[0] = movies.values[movieid2idx[movie_id_val]][2]
                titles = np.zeros([1, sentences_size])
                titles[0] = movies.values[movieid2idx[movie_id_val]][1]
                feed = {
                uid: np.reshape(users.values[user_id_val - 1][0], [1, 1]),
                    user_gender: np.reshape(users.values[user_id_val - 1][1], [1, 1]),
                    user_age: np.reshape(users.values[user_id_val - 1][2], [1, 1]),
                    user_job: np.reshape(users.values[user_id_val - 1][3], [1, 1]),
                    movie_id: np.reshape(movies.values[movieid2idx[movie_id_val]][0],
[1, 1]),

                    movie_categories: categories,  # x.take(6,1)
                    movie_titles: titles,  # x.take(5,1)
                    dropout_keep_prob: 1}
                # Get Prediction
                inference_val = sess.run([inference], feed)
                return (inference_val)


    loaded_graph = tf.Graph()
    users_matrics = []
    with tf.Session(graph = loaded_graph) as sess:
        # Load saved model
        loader = tf.train.import_meta_graph(load_dir + '.meta')
        loader.restore(sess, load_dir)


        # Get Tensors from loaded model
        uid,user_gender, user_age, user_job, movie_id, movie_categories, movie_ti-
tles, targets, lr, dropout_keep_prob, _, __, user_combine_layer_flat = get_tensors(
            loaded_graph)  # loaded_graph
        for item in users.values:
            feed = {
                uid: np.reshape(item.take(0), [1, 1]),
                user_gender: np.reshape(item.take(1), [1, 1]),
                user_age:np.reshape(item.take(2), [1, 1]),
                user_job: np.reshape(item.take(3), [1, 1]),
```

```
                     dropout_keep_prob: 1}
              user_combine_layer_flat_val = sess.run([user_combine_layer_flat],
feed)
              users_matrics.append(user_combine_layer_flat_val)
      pickle.dump((np.array(users_matrics).reshape(-1, 200)), open('users_matrics.p', 'wb'))
      users_matrics = pickle.load(open('users_matrics.p', mode='rb'))
```

用户矩阵 users_matrics 的结果如下:

```
[[ 0.4444317    0.1504067     0.23189782 ... -0.49091253   0.07166608
    0.38196138]
 [ 0.60526156   0.36207682    0.28105518 ... -0.40735343   0.37578487
    0.3574312 ]
 [ 0.4654027    0.08024569    0.171966    ...  0.02648303   0.11076113
    0.626201  ]
 ...
 [ 0.3809606    0.0866433     0.1302167   ... -0.17916328   0.23325437
   -0.01439839]
 [ 0.23765253   0.09911603    0.01619375 ... -0.20960057   0.18019973
    0.42880297]
 [ 0.47246298   0.3693316     0.261707    ...  0.10546847   0.24266233
    0.78196645]]]
```

11.3.4 推荐排序

首先读取模型的各个参数、电影评分数据,并进行格式的转换。

```
# coding = utf-8
import pickle
import tensorflow as tf
import numpy as np
def load_params():
    """
    Load parameters from file
    """
    return pickle.load(open('params.p', mode='rb'))
# 读模型参数
load_dir = load_params()
# 读数据
title_count, title_set, genres2int, features, targets_values, ratings, users, movies,
data, movies_orig, users_orig = pickle.load(open('preprocess.p', mode='rb'))
```

```
sentences_size = title_count # = 15
```
将电影 ID 转成下标的字典，数据集中电影 ID 跟下标不一致，比如第 5 行的数据电影 ID 不一定是 5
```
movieid2idx = {val[0]:i for i, val in enumerate(movies.values)}
users_matrics = pickle.load(open('users_matrics.p', mode ='rb'))
movie_matrics = pickle.load(open('movie_matrics.p', mode ='rb'))
```

函数 recommend_same_type_movie(movie_id_val, top_k = 20)计算当前看的电影特征向量与整个电影特征矩阵的余弦相似度，取相似度最大的 top_k 个，并加入随机选择，让每一次的推荐结果有些不同，增加推荐内容的新颖性。读者可以使用函数 recommend_same_type_movie(1401, 20)进行参数预置，假设用户点击的电影是第 1401 号电影，取相似度最大的前 20 个电影给出第一组电影推荐，即 recommend_same_type_movie 函数的推荐结果。

```
def recommend_same_type_movie(movie_id_val, top_k = 20):
    loaded_graph = tf.Graph()
    with tf.Session(graph = loaded_graph) as sess:
        # Load saved model
        loader = tf.train.import_meta_graph(load_dir + '.meta')
        loader.restore(sess, load_dir)
        norm_movie_matrics = tf.sqrt(tf.reduce_sum(tf.square(movie_matrics), 1, keepdims = True))
        normalized_movie_matrics = movie_matrics / norm_movie_matrics
        # 推荐同类型的电影
        probs_embeddings = (movie_matrics[movieid2idx[movie_id_val]]).reshape([1, 200])
        probs_similarity = tf.matmul(probs_embeddings, tf.transpose(normalized_movie_matrics))
        sim = (probs_similarity.eval())
#         results = (-sim[0]).argsort()[0:top_k]
#         print(results)
        print("您看的电影是:{}".format(movies_orig[movieid2idx[movie_id_val]]))
        print("以下是给您的推荐:")
        p = np.squeeze(sim)
        p[np.argsort(p)[:-top_k]] = 0
        p = p / np.sum(p)
        results = set()
        while len(results) != 5:
            c = np.random.choice(3883, 1, p = p)[0]
            results.add(c)
        for val in (results):
```

```
        print(val)
        print(movies_orig[val])
    return results
```

recommend_same_type_movie(1401，20)的运行结果如下：

您看的电影是:[1401 'Ghosts of Mississippi (1996)''Drama']
以下是给您的推荐：
3009
[3078 'Liberty Heights (1999)''Drama']
2156
[2225 'Easy Virtue (1927)''Drama']
3572
[3641 'Woman of Paris, A (1923)''Drama']
1115
[1131 'Jean de Florette (1986)''Drama']
2751
[2820 'Hamlet (1964)''Drama']

函数 recommend_your_favorite_movie(user_id_val, top_k = 10)计算的是当前用户特征向量与电影特征矩阵的余弦相似度，取相似度最大的 top_k 个，同样也加入随机函数，增强结果的新颖性。读者可以使用函数 recommend_your_favorite_movie(234，10)进行参数预置，假设当前的用户是第 234 号，取相似度最大的前 10 个电影给出第二组电影推荐，即 recommend_your_favorite_movie 函数的推荐结果。

```
def recommend_your_favorite_movie(user_id_val, top_k = 10):
    loaded_graph = tf.Graph()  #
    with tf.Session(graph = loaded_graph) as sess:  #
        # Load saved model
        loader = tf.train.import_meta_graph(load_dir + '.meta')
        loader.restore(sess, load_dir)
        #推荐用户喜欢的电影
        probs_embeddings = (users_matrics[user_id_val - 1]).reshape([1, 200])
        probs_similarity = tf.matmul(probs_embeddings, tf.transpose(movie_matrics))
        sim = (probs_similarity.eval())
    #    print(sim.shape)
    #    results = ( - sim[0]).argsort()[0:top_k]
    #    print(results)
    #    sim_norm = probs_norm_similarity.eval()
    #    print(( - sim_norm[0]).argsort()[0:top_k])
        print("当前用户是:{}".format(users_orig[user_id_val]))
        print("以下是给您的推荐:")
```

```
p = np.squeeze(sim)
p[np.argsort(p)[: - top_k]] = 0
p = p / np.sum(p)
results = set()
while len(results) != 5:
    c = np.random.choice(3883, 1, p = p)[0]
    results.add(c)
for val in (results):
    print(val)
    print(movies_orig[val])
return results
```

测试代码,输出当前用户的详情,并推荐相似度较高的前 10 部电影,输出电影的详细信息,推荐结果如下:

```
当前用户是:[235 'M' 25 0]
以下是给您的推荐:
833
[844 'Story of Xinghua, The (1993)''Drama']
1608
[1654 'FairyTale: A True Story (1997)' "Children's|Drama|Fantasy"]
1013
[1026 'So Dear to My Heart (1949)' "Children's|Drama"]
1081
[1097 'E.T. the Extra - Terrestrial (1982)'
"Children's|Drama|Fantasy|Sci - Fi"]
1821
[1890 'Little Boy Blue (1997)''Drama']
```

函数 recommend_other_favorite_movie(movie_id_val, top_k = 20)计算的是,同样喜欢当前用户喜欢的电影 movie_id_val 的其他用户的特征向量与电影特征矩阵的余弦相似度,取相似度最大的 top_k 个,同样也加入随机函数,增强结果的新颖性。读者可以使用函数 recommend_other_favorite_movie(1401, 20)进行参数预置,假设当前用户喜欢的电影编号是1401,取相似度最大的前 20 个用户,根据前 20 个用户看过的电影且当前用户没有看过的,给出第三组电影推荐,即 recommend_other_favorite_movie 函数的推荐结果。

```
def recommend_other_favorite_movie(movie_id_val, top_k = 20):
    loaded_graph = tf.Graph()
    with tf.Session(graph = loaded_graph) as sess:
        # Load saved model
        loader = tf.train.import_meta_graph(load_dir + '.meta')
        loader.restore(sess, load_dir)
```

163

```
        probs_movie_embeddings = (movie_matrics[movieid2idx[movie_id_val]]).
reshape([1, 200])
        probs_user_favorite_similarity = tf.matmul(probs_movie_embeddings,
tf.transpose(users_matrics))
        favorite_user_id = np.argsort(probs_user_favorite_similarity.eval())
[0][-top_k:]
    #     print(normalized_users_matrics.eval().shape)
    #     print(probs_user_favorite_similarity.eval()[0][favorite_user_id])
    #     print(favorite_user_id.shape)
        print("您看的电影是:{}".format(movies_orig[movieid2idx[movie_id_
val]]))
        print("喜欢看这个电影的人是:{}".format(users_orig[favorite_user_id-1]))
        probs_users_embeddings = (users_matrics[favorite_user_id-1]).
reshape([-1, 200])
        probs_similarity = tf.matmul(probs_users_embeddings, tf.transpose
(movie_matrics))
        sim = (probs_similarity.eval())
    #     results = (-sim[0]).argsort()[0:top_k]
    #     print(results)
    #     print(sim.shape)
    #     print(np.argmax(sim, 1))
        p = np.argmax(sim, 1)
        print("喜欢看这个电影的人还喜欢看:")
        results = set()
        while len(results) != 5:
            c = p[random.randrange(top_k)]
            results.add(c)
        for val in (results):
            print(val)
            print(movies_orig[val])
        return results
```

当前用户正在看的电影(即当前用户喜欢的电影)的 id 为 1401,喜欢看这部电影的用户还有很多,取相似度较高的前 20 个用户,推荐结果如下:

```
您看的电影是:[1401 'Ghosts of Mississippi (1996)' 'Drama']
喜欢看这个电影的人是:[[2887 'M' 25 3]
[3464 'F' 25 14]
[543 'M' 25 5]
[3146 'M' 25 0]
[4617 'F' 25 6]
```

```
[1327 'M' 1 10]
[738 'M' 18 17]
[4600 'M' 25 0]
[4445 'M' 25 3]
[1841 'M' 18 0]
[334 'F' 56 2]
[1467 'M' 25 5]
[5091 'M' 25 17]
[5545 'F' 35 16]
[5602 'M' 35 0]
[4016 'M' 50 0]
[6033 'M' 50 13]
[4799 'F' 18 4]
[5380 'M' 18 4]
[2109 'M' 25 16]]
```
喜欢看这个电影的人还喜欢看:
```
999
[1012 'Old Yeller (1957)' "Children's|Drama"]
2058
[2127 'First Love, Last Rites (1997)''Drama|Romance']
907
[919 'Wizard of Oz, The (1939)' "Adventure|Children's|Drama|Musical"]
1081
[1097 'E.T. the Extra-Terrestrial (1982)'
"Children's|Drama|Fantasy|Sci-Fi"]
956
[968 'Night of the Living Dead (1968)''Horror|Sci-Fi']
```

11.3.5　PyQt5 界面开发

1. PyQt5 的安装

使用下面的命令可以安装 PyQt5,这里一定要注意版本问题,如果版本安装错误,将不能运行窗口。作者安装的版本为 PyQt5==5.12,仅供读者参考。安装命令如下:

```
pip install PyQt5 == 5.12
```

安装完成后,实际上已经同时安装了 PyQt5-sip,参考版本为 4.19.19。如果在 PyCharm 中进行界面的开发,还需要安装 PyQt5-tools,安装命令如下:

```
pip install PyQt5-tools
```

安装完成后,在 Python 安装目录下查看,或者使用 pip list 进行查看。

2. 利用 Qt Designer 工具开发界面

利用 Qt Designer 工具开发界面,首先要配置 PyCharm,在 PyCharm 中打开 Qt Designer 工具,生成 qt 文件,再将 qt 文件转换成 Python 语言的软件文件。

打开 PyCharm,选择"File"中的"Settings"选项进行设置,在"Settings"窗口中,在最后一项"Tools"下的"External Tools"选项中进行配置。打开"External Tools"之后,单击上面绿色的"+",添加 Tools。一共要创建两个工具,第一个工具是 Qt Designer,填写 Name(Qt Designer),这个名称可以自定义,Program 指向 PyQt5-tools 安装目录里面的 designer.exe,例如 C:\ProgramData\Anaconda3\Lib\site-packages\pyqt5_tools\Qt\bin\designer.exe,Work directory 使用变量 $FileDir$;第二个工具的 Name 为 PyUIC,也是自定义的,这个工具主要用来将 Qt 界面转换成 py 代码,在 Program 中填写 python.exe 的调用路径,例如 C:\ProgramData\Anaconda3\python.exe,Parameters 的内容填写为-m PyQt5.uic.pyuic $FileName$ -o $FileNameWithoutExtension$.py,Work directory 使用变量 $FileDir$。

启动 PyCharm,新建一个工程,然后单击"Tools"菜单项中的"External Tools"子菜单,选择"Qt Designer",启动 Qt Designer 工具,制作界面。界面上面放置了两个 EditText,下面放置了两个按钮,一个按钮是"登录",另一个按钮是"取消",功能很简单,具体的实现过程请读者自行查阅相关资料。利用 PyQt5 设计登录页面如图 11-1 所示。

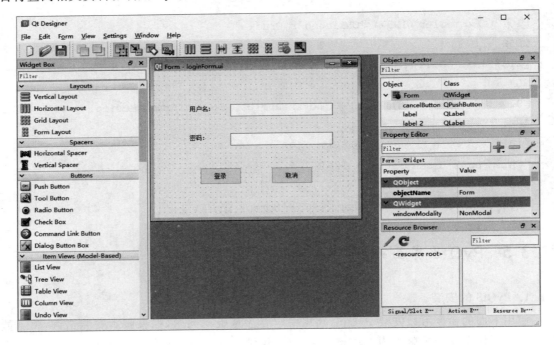

图 11-1 利用 PyQt5 设计登录页面

本案例设计了两个窗口界面,分别为 loginForm.ui 和 MovieWin.ui。在 PyCharm 界面中,在 loginForm.ui 文件上单击鼠标右键,选择"External Tools"工具中的"PyUIC",将 loginForm.ui 转换为 loginForm.py;在 MovieWin.ui 文件上单击鼠标右键,选择"External Tools"中的"PyUIC",将 MovieWin.ui 转换为 MovieWin.py。loginForm.py 和 MovieWin.py 中的代码都是自动生成的,可以不用修改。

本案例用 PyQt5 设计了登录页面和信息显示主页面。登录的用户名和密码相同,都是用户的编号,为 1～6 040 之间的整数,如图 11-2 所示。

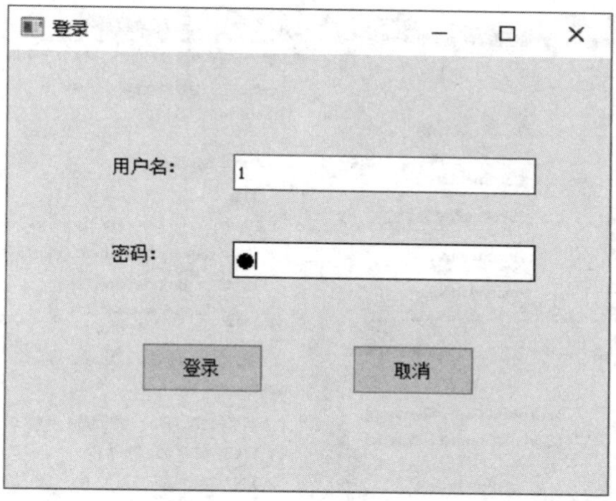

图 11-2 利用 PyQt5 设计登录页面的效果

登录成功后,弹出"电影推荐系统"窗口,显示当前用户的编号,根据历史记录的推荐结果,随机展示一些电影,以供用户点击浏览。运行效果如图 11-3 所示。

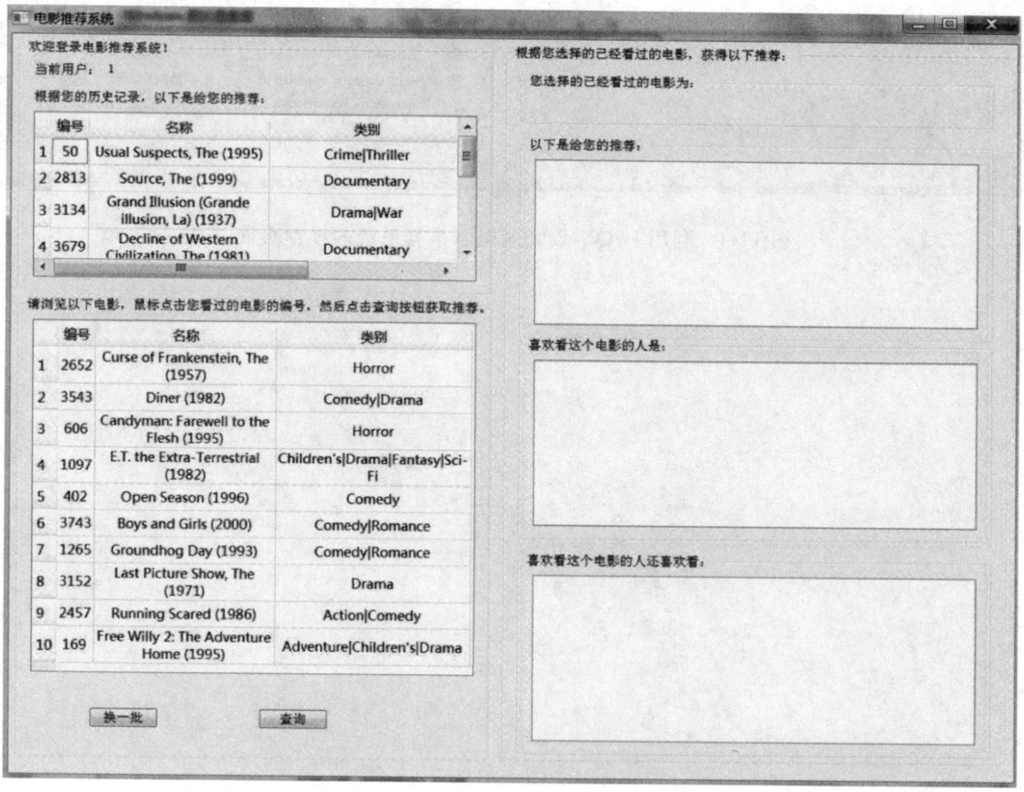

图 11-3 利用 PyQt5 设计的电影推荐系统的初始页面

用户选择某一个电影编号,单击"查询",即可显示 3 组推荐结果:根据电影特征的余弦相似度进行推荐的结果,喜欢看这部电影的用户信息,喜欢看这部电影的人还喜欢看的电影推荐结果。运行效果如图 11-4 所示。

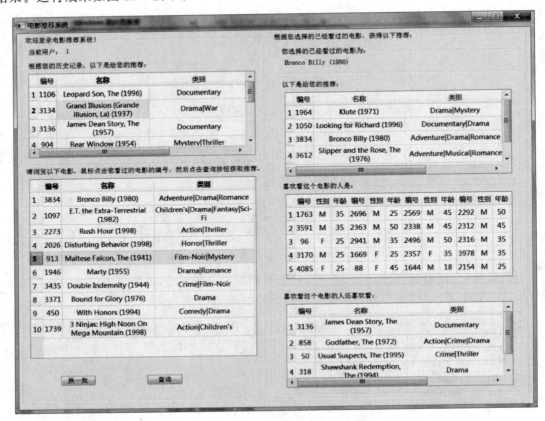

图 11-4　利用 PyQt5 设计的电影推荐系统的推荐页面

参 考 文 献

[1] 孙光浩，刘丹青，李梦云. 个性化推荐算法综述[J]. 软件，2017(7)：70-78.

[2] 黄立威，江碧涛，吕守业，等. 基于深度学习的推荐系统研究综述[J]. 计算机学报，2018，41(7)：1619-1647.

[3] 刘知远，崔安顾，等. 大数据智能：互联网时代的机器学习和自然语言处理技术[M]. 北京：电子工业出版社，2016.

[4] 陈开江. 推荐系统[M]. 北京：电子工业出版社，2019.

[5] 黄美灵. 推荐系统算法实践[M]. 北京：电子工业出版社，2019.

[6] 项亮. 推荐系统实践[M]. 北京：人民邮电出版社，2012.

[7] 陈垲冰. 基于协同过滤的个性化推荐算法研究及应用[D]. 江门：五邑大学，2019.

[8] 李启序. 基于协同过滤的个性化推荐系统的研究[D]. 淮南：安徽理工大学，2019.

[9] Celma O. Music Recommendation and Discovery—The Long Tail, Long Fail, and Long Play in the Digital Music Space [M]. Berlin Heidelberg：Springer，2010.

[10] Jannach D，Zanker M，Felfernig A，et al. 推荐系统 [M]. 蒋凡，译. 北京：人民邮电出版社，2013.

[11] Thinkgamer_. Python 分析和实现基于用户和 Item 的协同过滤算法[EB/OL]. (2016-05-30)[2020-05-03]. https://blog. csdn. net/gamer_gyt/article/details/51346159.

[12] 郭艳红. 推荐系统的协同过滤算法与应用研究[D]. 大连：大连理工大学，2008.

[13] 万品哲. 协同过滤推荐系统关键技术研究[D]. 保定：河北大学，2018.

[14] Breese J S，Heckerman D，Kadie C. Empirical Analysis of Predictive Algorithms for Collaborative Filtering[J]. Uncertainty in Artificial Intelligence，2013，98(7)：43-52.

[15] 黄昕，赵伟，王本友，等. 推荐系统与深度学习[M]. 北京：清华大学出版社，2019.

[16] 熊文伟. 基于 Keras 的智能网络运维平台研究[J]. 电信技术，2019(7)：28-32.

[17] 郭梦洁，杨梦卓，马京九. 基于 Keras 的 MNIST 数据集识别模型[J]. 现代信息科技，2019,3(14)：18-19.

[18] 石磊. 开源人工智能系统 TensorFlow 的教育应用[J]. 现代教育技术，2018,28(1)：93-99.

[19] 章敏敏，徐和平，王晓洁，等. 谷歌 TensorFlow 机器学习框架及应用[J]. 微型机与应用，2017,36(10)：58-60.

[20] Loo E，Hirst M. Recalcitrant or Keras Kepala ？：A Cross-cultural Study of How

Malaysian and Australian Press Covered the Keating-Mahathir Spat [J]. SAGE Publications,1995,77(1): 107-119.

[21] 刘敬学,孟凡荣,周勇,等.字符级卷积神经网络短文本分类算法[J].计算机工程与应用,2019,55(5):135-142.

[22] 王儒.基于卷积神经网络的短文本表示与分类研究[D].济南:山东师范大学,2018.

[23] 白璐.基于卷积神经网络的文本分类器的设计与实现[D].北京:北京交通大学,2018.

[24] 刘腾飞,于双元,张洪涛,等.基于循环和卷积神经网络的文本分类研究[J].软件,2018,39(1):64-69.

[25] 殷亚博,杨文忠,杨慧婷,等.基于卷积神经网络和KNN的短文本分类算法研究[J].计算机工程,2018,44(7):193-198.

[26] 庞亮,兰艳艳,徐君,等.深度文本匹配综述[J].计算机学报,2017,40(4):985-1003.

[27] 何云超.聚类算法和卷积神经网络在文本情感分析中的应用研究[D].昆明:云南大学,2016.

[28] 蔡慧苹.基于卷积神经网络的短文本分类方法研究[D].重庆:西南大学,2016.